制造业高技能应用丛书

编委会

编委会主任：张立新

副 主 任：张亚福

丛书主编：李 锋

副 主 编：董湘敏

组编单位：陕西航天职工大学

制造业高技能应用丛书

工业机器人应用编程

冯海超　主　编

胡祝兵　毕兆岩　副主编

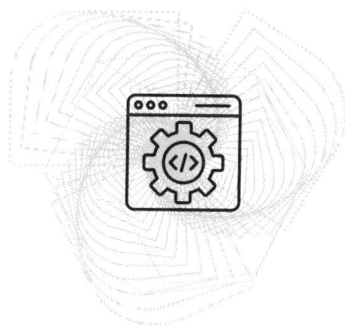

化学工业出版社

·北京·

内容简介

本书结合岗位能力和考证需求，重点介绍工业机器人基础知识、基本技能、外围设备控制与系统编程调试等内容。全书包括技能基础篇（工业机器人操作安全、工业机器人认知、工业机器人操作与编程基础、工业机器人离线编程与仿真基础、PLC应用基础、工业机器人故障诊断与维护保养)以及实操与考证篇（系统概况、中级综合实训案例），课后习题和附录中包含了考证的理论和实操样题。

本书以工业机器人应用编程能力培养为本位，以帮助读者自主应用工业机器人及外围设备解决实际问题为目标，书中内容详实、图文并茂、重难点突出，设计技巧实用而高效，操作性与针对性较强。

本书可作为职业院校工业机器人专业的教材使用，也可供从事工业机器人应用开发、调试、现场维护的工程技术人员参考；既适合初学者快速入门，也适用于有一定基础的读者掌握难点、巩固提高，还可作为工业机器人应用编程"1+X"职业技能等级证书初、中级考证培训用书。

图书在版编目（CIP）数据

工业机器人应用编程／冯海超主编；胡祝兵，毕兆岩副主编． -- 北京：化学工业出版社，2024.10.
ISBN 978-7-122-46223-7

Ⅰ. TP242.2

中国国家版本馆 CIP 数据核字第 20240P9D61 号

责任编辑：王　烨　　　　　　　　　文字编辑：徐　秀　师明远
责任校对：李雨函　　　　　　　　　装帧设计：王晓宇

出版发行：化学工业出版社
　　　　　（北京市东城区青年湖南街 13 号　邮政编码 100011）
印　　装：三河市君旺印务有限公司
787mm×1092mm　1/16　印张 11¾　字数 285 千字
2025 年 7 月北京第 1 版第 1 次印刷

购书咨询：010-64518888　　　　　　售后服务：010-64518899
网　　址：http://www.cip.com.cn
凡购买本书，如有缺损质量问题，本社销售中心负责调换。

定　　价：59.00 元　　　　　　　　　　　版权所有　违者必究

工业机器人应用编程是一门涉及机器人技术、自动化技术、计算机科学等多个领域的交叉学科。随着工业 4.0 和智能制造的快速发展，工业机器人的应用越来越广泛，对机器人编程技能的要求也越来越高，工业机器人应用编程技能也将成为未来制造业人才的重要素质之一。

本书在充分调研行业企业对工业机器人应用编程人才需求和职业岗位综合能力要求，深入分析学生学习成长规律的基础上，结合工业机器人应用编程（ABB 本体）1＋X 证书的考核，"岗课证"相融通，合理规划模块框架，形成依次递进、有机衔接、科学合理的教学内容，以提升考证学习过程的有效性与职业岗位的适用性。在此背景下，本书内容包括理论技能基础、实操与考证两部分，涵盖了工业机器人系统集成及应用编程所涉及的核心知识点与技能点，是一本以实践操作为主、理论结合岗位实际的实用性图书。本书从理论基础到技能基础，到实操应用，逐步深入，切实遵循教学与学习规律。从工业机器人基础知识出发，逐步深入，涵盖工业机器人编程的各个方面，形成完整的知识体系；注重理论与实践相结合，通过大量实例和案例，帮助读者更好地理解和掌握工业机器人编程技术。实操部分以工业机器人视觉装配任务为主线，注重提升读者解决实际问题能力，通过实操与考证重点技术技能突破训练，培养读者的实际操作能力，提升读者解决问题的灵活性与自主性。

本书面向职业院校工业机器人相关专业的学生编写，可作为职业院校工业机器人专业的教材使用，也可供从事工业机器人应用开发、调试、现场维护的工程技术人员参考，既适合初学者快速入门，也适用于有一定基础的读者掌握难点、巩固提高。书中包含了证书考核中的初级和中级核心内容和技能难点，对于参加工业机器人应用编程"1＋X"职业技能等级证书考核的读者具有很高的参考价值。

本书的编者长期从事自动化与工业机器人一线教学、工业机器人应用编程"1＋X"职业技能等级证书的培训考核以及自动化与工业机器人类大赛的相关工作，在"岗、课、赛、证"融通的教学改革与实践中具有丰富的经验。

本书由河北石油职业技术大学冯海超担任主编，河北石油职业技术大学胡祝兵、毕兆岩担任副主编，陕西工业职业技术学院王建军参加了本书的编写工作。具体分工：冯海超负责第 3、7～10 章的编写；胡祝兵负责第 6、11 章的编写；毕兆岩负责第 4、12 章的编写；王建军负责第 1、2、5 章的编写。本书在编写过程中得到了陕西智展机电技术服务有限公司的组织协调以及江苏汇博机器人技术股份有限公司的支持和帮助，在此表示衷心的感谢。

因篇幅与作者知识的局限性，书中难免有不足之处，诚望广大读者不吝赐教。

编者

目录 CONTENTS

第一部分 技能基础

第二部分　实操与考证（ABB 本体）

第一部分

技能基础

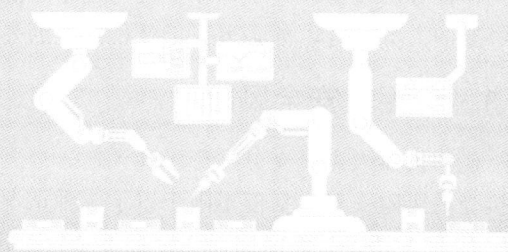

第1章

工业机器人操作安全

知识目标

① 掌握工业机器人安全操作规程。

② 熟悉工业机器人使用风险，掌握相关安全防范措施。

③ 熟悉工业机器人生产过程中周围的安全、警示标志及防护装置。

能力目标

① 能够按照安全操作规程操作工业机器人。

② 具备防范和处理潜在风险的能力。

1.1　工业机器人的安全使用

在工业生产、加工、运输和维修等过程中，考虑厂房地带的安全性是必不可少的环节。为了保护工作人员及机械设备的安全，在有危险源的地带、场所和设备上应当设置明显的安全警示标志和安全防护装置。危险发生或即将发生时，相关人员应立即采取相应的措施，降低危险发生的可能性，防止危险进一步扩大，避免现场人员伤亡事故的发生。

工业机器人产品有着与其他产品不同的特征，其运动部件，特别是手臂和手腕部分具有较高的能量，且以较快的速度掠过比机器人机座大得多的空间，并随着生产环境和条件及工作任务的改变，其手臂和手腕的运动亦随之改变。为防止各类事故的发生，避免造成不必要的人身伤害，务必重视工业机器人的安全使用。

1.1.1　相关安全风险

使用机器人需要充分进行风险评估，以判断相关危险是否会构成不可接受的风险。不可接受的风险一般包括但不限于以下 8 种情况：

① 动力源、控制电路、安全保护装置等设施失效或故障引起的危险；

② 机器人部件运动导致挤压、撞击引起的危险；

③ 操作人员手部被机器人系统的其他部件或工作区内其他设备相连部件挤压、撞击

引起的危险；

④ 使用尖锐的末端执行器或工具连接器可能存在危险；

⑤ 末端执行器或工具所夹持工件脱落、抛射等引发的危险；

⑥ 机器人系统或外围设备的运动部件中弹性元件能量的积累引起元件的损坏而形成的危险；

⑦ 处理毒性或其他有害物质可能存在的危险；

⑧ 操作人员因差错产生的危险。

1.1.2　安全使用规程

（1）工业机器人安全操作原则

在工业机器人正常工作状态下，务必要遵守工业机器人安全操作原则，避免误操作，以防对操作人员和设备造成不必要的伤害。在机器人操作和运行过程中，必须遵守以下几条简单的原则，以便安全地操作机器人：

① 当有工作人员处于机器人的安全防护区域内时，只能使用手动模式操作机器人；

② 进入机器人的安全防护区域时，必须将示教器拿在手上，确保机器人处于受控运行状态；

③ 留意安装在机器人上的会活动的工具（如电锯、电钻等），操作人员在靠近机器人之前，须确保这些工具已经停止运行；

④ 注意控制柜或者机器人本体的温度，在长时间工作后，机器人的电机和外壳温度可能会非常高，因此在工业机器人工作中或刚停止工作时请勿触摸工业机器人或控制柜外壳；

⑤ 工业机器人停止工作前，先将末端执行器及其所持工件放置于安全位置并处于安全状态；

⑥ 切勿触摸机器人和控制柜内的电力部件。

（2）示教器的安全使用机制

示教器是工业机器人系统的重要部件之一，是一款高品质人机交互终端，配备高灵敏度的先进电子设备。为避免操作不当引起的故障或损坏，需在操作时遵循以下规则：

① 小心搬运，切勿摔打、抛掷或用力撞击示教器；

② 如果示教器受到撞击，始终要验证并确定其安全功能（使能装置和紧急停止）正常工作且未损坏；

③ 设备不使用时，请将其放置于立式壁架或卡座上，防止意外脱落；

④ 使用和存放示教器时始终确保电缆不会将人绊倒；

⑤ 请使用触控笔操作示教器，切勿使用尖锐物体（如笔尖和螺丝刀）操作触摸屏；

⑥ 请使用软布蘸少量水或清洁剂定期清理触摸屏。

1.1.3　安全防范措施

（1）使能按钮

示教器上的使能按钮是为保证操作人员与设备安全而设置的。使能按钮分为两挡，在手动状态下第一挡按下去，机器人将处于电机开启状态；在第一挡的基础上继续用力按下使能按钮，将进入第二挡，机器人又处于防护装置停止状态。

只有按下使能按钮，并保持在第一挡，即工业机器人处于"电机开启"状态，才可以对机器人进行手动操作与编程，此时示教器状态栏如图1.1所示。当发生危险时，人会本能地将使能按钮松开或按紧，工业机器人马上停止动作，以免危险继续扩大。

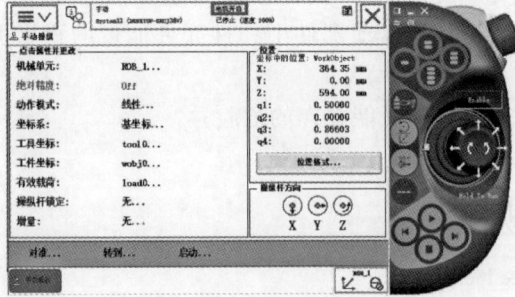

图1.1 示教器显示电机开启

（2）紧急停止系统

工业机器人运行过程中出现异常或故障、手动操作失误导致人员或设备面临危险、自动运行区域内有工作人员进入等紧急情况时，应立即按下紧急停止按钮。通常工业机器人系统设置两个急停按钮——示教器急停按钮和控制柜急停按钮，具体位置分别如图1.2和图1.3所示，两者作用效果相同。

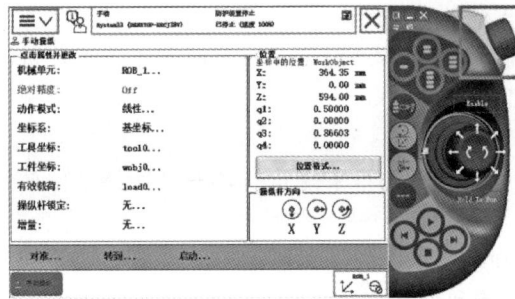

图1.2 示教器上急停按钮位置

图1.3 控制柜上急停按钮位置

机器人故障或危险排除后，需要进行系统紧急停止状态到正常可操作状态的恢复处理。从紧急停止状态恢复到正常可操作状态是一个简单却非常重要的步骤，当系统存在的危险完全排出后才能进行操作，被按下"锁住"的急停开关必须通过旋转才可以打开，最后还需要按下"伺服上电"按钮开启电机，系统才能从紧急停止状态恢复到正常可操作状态。

紧急停止状态恢复到正常可操作状态的步骤如下：

① 旋转急停开关使其复位，示教器状态栏显示系统处于"紧急停止后等待电机开启"状态；

② 按下控制柜上的"伺服上电"按钮，示教器状态栏显示系统处于"电机开启"状态。

(3) 制动闸释放

工业机器人各轴均带有制动闸，机器人停止时，制动闸使能。出现碰撞、挤压等情况导致机器人无法移动时，需要手动释放制动闸，将工业机器人手动拖动至安全区域。工业机器人控制柜上设置有"制动闸释放"按钮，位置如图 1.4 所示，通过该按钮可以实现制动闸释放功能。

图 1.4　"制动闸释放"按钮位置

制动闸释放功能使用方法如下：

① 翻起制动闸释放按钮的保险盖；

② 用手托稳工业机器人手臂；

③ 使用点动方式按下释放按钮，并仔细观察机器人状态，以便随时松开按钮。

工业机器人的制动闸应该在带电情况下手动释放，如有必要，需要使用起重机、叉车或其他类似设备保护机器人机械手臂。制动闸释放是危险性较高的操作，遇到紧急情况时才能使用，切勿随意尝试。

1.2　工业机器人安全标志

1.2.1　安全信号标志

安全信号是为了指明危险等级和危险类型，通过简要描述操作及维修人员未排除险情时会出现的情况而设计出来的一组图片标志。安全信号标志可以指导操作及维修人员通过图标提示危险类型和等级来确定防护级别，ABB 工业机器人常用的安全信号标志如表 1.1 所示。

表 1.1 ABB 工业机器人常用的安全信号标志

标志	名称	说明
	危险	带有该标志的内容如果没有按照规定操作，将会对人员造成严重甚至致命的伤害，同时将会/可能会对机器人造成严重损坏。该标志适用以下险情：触碰高压电气装置、爆炸或火灾，有毒气体、压轧、撞击和从高处跌落等
	警告	带有该标志的内容如果没有按照规定操作，可能会导致严重的人身伤害，甚至可能致命，对机器人本身也会造成较大损坏
	触电危险	提示当前设备或操作可能会有人员触电风险，造成严重甚至是致命的伤害
	警示	带有该标志的内容如果没有按照规定操作，可能会导致人身伤害，对机器人本身可能也会造成损坏
	防静电（ESD）	提示当前操作涉及的零部件对静电敏感，不按规范操作可能会造成器件损坏
	提示	用于提示一些重要信息或者前提条件

1.2.2 安全风险说明标志

安全风险说明标志是单独或成组粘贴在机器人、控制柜及示教器上的安全标签，是包含有关该工业机器人重要信息的图标，可以为操作及维护人员在使用设备前提供必要的操作提示。ABB 工业机器人常用的安全风险标志如表 1.2 所示。

表 1.2 ABB 工业机器人常用的安全风险标志

标志	名称	说明
	挤压	操作或维护人员在调试、维修、检修、工具装夹时进入机器人运动范围，可能会产生伤害
	夹手	维护人员在进行维护操作时，接近带传动部件时，存在夹手的风险

续表

标志	名称	说明
	撞击	操作或维护人员在调试、维修、检修、工具装夹时进入机器人运动范围,可能会产生撞击导致严重伤害
	摩擦	操作或维护人员在调试、维修、检修、工具装夹时进入机器人运动范围,可能会因摩擦产生伤害
	零件飞出	操作或维护人员在调试、维修、检修、工具装夹时进入机器人运动范围,工具或工件可能因夹持松懈飞出,此时可能会产生严重伤害
	火灾	电路发生短路、导线或器件着火时可能发生火灾,可能会产生严重伤害
	表面高温	维护人员在进行设备检修、维护时,接触机器人高温表面,可能会导致烫伤危害

思考与练习

1-1　请简述在工业机器人安全预警中不可接受的风险一般包括但不限于哪几种情况?

1-2　在机器人操作和运行过程中需要遵守哪些安全原则?

1-3　工业机器人常用的安全防范措施有哪些?作用分别是什么?

1-4　识别图 1.5 所示安全标志的含义。

图 1.5　部分工业机器人安全标志

第2章

工业机器人认知

知识目标

① 了解工业机器人定义和典型应用，熟悉工业机器人分类方法及具体类型。

② 熟悉工业机器人主要技术参数。

③ 掌握工业机器人系统结构，熟悉各部分原理、结构、特点及功能。

④ 掌握工业机器人的轴和坐标系的概念及应用。

能力目标

① 能够识读工业机器人技术参数表，初步根据参数完成工业机器人选型。

② 能够区分工业机器人不同坐标系，根据应用需求正确选择坐标系。

2.1 工业机器人概述

2.1.1 工业机器人定义

（1）机器人的定义

时至今日，机器人已经渗透到了人类社会生产生活的各个方面，它们也可以完成一些以前认为不可能通过机器人完成的事情。例如机器人可以清洁地面，可以为我们端上一杯咖啡，可以为汽车喷涂油漆，可以整理仓库，可以表演舞蹈，也可以像受伤的动物一样蹒跚而行，可以清理核废料，甚至可以思考问题、提出和回答问题。在众多机器人中，它们或单独工作，或成群结队，大小形状各异，并不是所有的机器人都有面部，也不是所有的机器人都有身体。

那么，什么样的机构可以称为机器人？机器人是如何定义的？

鉴于目前机器人技术处于不断发展过程中，不同国家、不同领域给出的定义不尽相同。目前国际上主要有以下几种对机器人的定义。

美国国家标准局（NBS）对机器人的定义：机器人是一种能够进行编程并在自动控制下执行某种操作和移动作业任务的机械装备。

《中国大百科全书》对机器人的定义：机器人是能够灵活地完成特定的操作和运动任

务，并可再编程序的多功能操作器。

国际标准化组织（ISO）对机器人的定义涵盖以下几方面内容：

① 机器人的动作机构具有类似于人或其他生物体某些器官（肢体、感官等）的功能；

② 机器人具有通用性，工作种类多样，动作程序灵活易变；

③ 机器人具有不同程度的智能性，如记忆、感知、推理、决策、学习；

④ 机器人具有独立性，完整的机器人系统在工作中可以不依赖于人。

（2）工业机器人的定义

美国机器人工业协会（RIA）提出的工业机器人定义为：工业机器人是用来搬运材料、零件、工具等，可再编程的多功能机械手，或通过不同程序的调用来完成各种工作任务的特种装置。

日本工业机器人协会（JRIA）将工业机器人定义为：工业机器人是一种装备有记忆装置和末端执行器的，能够转动并通过自动完成各种移动来代替人类劳动的通用机器。

国际标准化组织对工业机器人的定义为：工业机器人是一种能自动控制、可重复编程、多功能、多自由度的操作机，能够搬运材料、工件或者操持工具来完成各种作业。

我国国家标准将工业机器人定义为：自动控制的、可重复编程的、多用途的操作机，并可对 3 个或 3 个以上的轴进行编程。它可以是固定式或移动式，在工业自动化中使用。

工业机器人具有以下几个显著特点：

① 可编程　工业机器人控制多是使用计算机编程来实现，能够很方便地实现自动控制，继而完成指定动作。工业机器人具有很强的自适应能力，适用于柔性自动化生产、个性化定制的现代自动化流水生产线，即能够随工作环境变化再编程，在柔性制造过程中具有重要作用。

② 拟人化　工业机器人在机械结构设计上具有拟人化特点，能够完成行走、腰转、以及大臂、小臂、手腕和手爪等部分功能；此外，工业机器人的智能化发展，集成力传感器、听觉传感器等类似人类的"生物传感器"，使其具有一定的人类感知能力。

③ 通用性　除了专用于特殊应用环境和用途的工业机器人外，常规工业机器人在执行动作方面具有很好的通用性，例如更换末端执行器（手爪、焊枪等工具）便可执行不同的作业任务。

④ 涉及学科广泛　工业机器人是一门多学科交汇的综合学科，归纳起来就是机电一体化技术。第三代智能机器人不仅具有获取外部环境信息的各种传感器，而且还具有记忆能力、语言理解能力、图像识别能力、推理判断能力等人工智能，这些都是微电子技术的应用，特别是与计算机技术的应用密切相关。

2.1.2　工业机器人分类

不同品牌的工业机器人的形式、应用领域略有差异，但结构基本相同。可以从不同角度对工业机器人进行分类，本节内容将从工业机器人机械拓扑结构和坐标结构两个角度对工业机器人进行分类。不同类型的工业机器人在控制方式、工作空间、适用领域等方面有一定的差异，在选型时要统筹考虑。

（1）根据机械拓扑结构分类

① 串联机器人　串联机器人是一种开式运动链机器人，它是由一系列连杆通过转动关节或移动关节串联形成的。例如 ABB IRB1200 型工业机器人，结构如图 2.1 所示，包含以底座为开始，以末端执行器或安装点为结束的一系列连杆和关节，利用驱动器来驱动

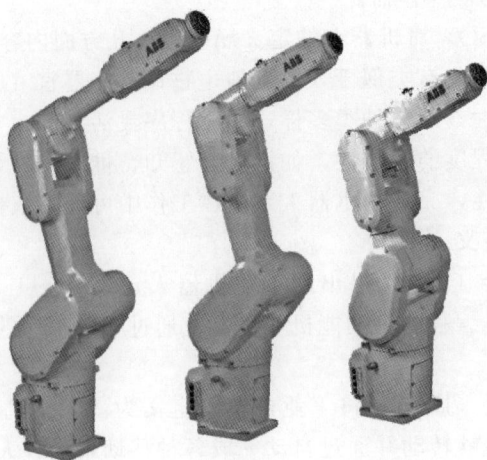

图 2.1　ABB IRB1200 型串联机器人

各个关节的运动从而带动连杆的相对运动，使机器人末端达到合适的位姿。

串联机器人具有如下特点：

a. 串联机器人的自由度相比并联机器人更多；

b. 每个关节所需驱动功率不同，电机型号不一；

c. 电机位于运动构件，惯量大；

d. 后续连杆的驱动器和减速器变成前面驱动系统的负载，结构能量效率不高；

e. 末端构件的运动与并联机器人相比更为任意和复杂多样，可以实现复杂的空间作业运动；

f. 结构简单，控制技术成熟，运动空间大，成本低；

g. 运动学正解简单，逆解困难。

经过多年发展，串联机器人技术已经日趋成熟。在工业自动化领域中，串联机器人的数量最多，应用最广泛，在搬运码垛、喷涂、焊接、装配等多个领域均有应用。如图 2.2 所示，多个串联机器人在汽车自动装配生产线上协同工作，作为自动生产线中的重要环节，相互配合完成装配工作。此外，串联机器人还应用在海洋开发、太空探测、精密仪器研发制造等特殊领域或新兴领域，如图 2.3 所示为中国空间站外串联机械臂。

图 2.2　串联机器人在汽车装配生产线上工作

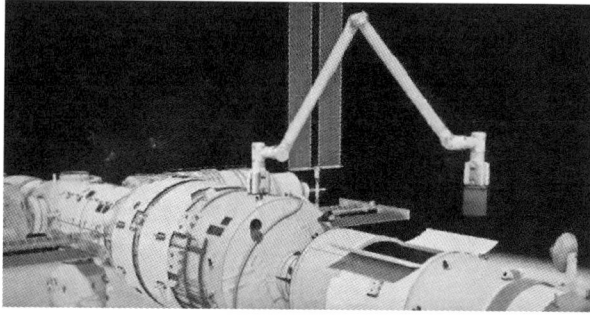

图 2.3　中国空间站外串联机械臂

②并联机器人　当末端执行器通过至少两个独立运动链和基座相连，且组成一闭式机构链时所获得的机器人结构称为并联机器人。Stewart 并联机构和 Delta 并联机构是两种常见的并联机构，通过构型演变，可以在 Stewart 并联机构和 Delta 并联机构的基础上衍生出多种不同的并联机构。

Stewart 并联机构由上部的动平台、下部的静平台和连接动、静平台的 6 个完全相同的支链组成，如图 2.4(a) 所示。每条支链均由一个移动副驱动，工业上常用液压缸来驱动。每条支链分别通过两个球面副与上、下两个平台相连。动平台的位置和姿态由 6 个直线液压缸的行程长度所决定，手腕的 3 个自由度和手臂的 3 个自由度集成在一起。Stewart 并联机构具有以下特点：

a. 刚度高，但动平台的运动范围十分有限；

b. 运动学反解简单，而运动学正解十分复杂；

c. 有时不具备封闭的形式。

Delta 并联机构由上部的静平台和下部的动平台及 3 条完全相同的支链组成，如图 2.4(b) 所示。每条支链都由一个定长杆和一个平行四边形机构组成，定长杆与上面的静平台用旋转副连接，平行四边形机构与动平台及定长杆均以旋转副连接，这三处旋转副轴线相互平行。与 Stewart 并联机构不同，Delta 并联机构的驱动电机安装在静平台上，因此 Delta 并联机构 3 条支链具有非常小的质量，使得 Delta 并联机构运动部分的转动惯量很小，具有刚度高、速度快、柔性强、重量轻等优点，适合于高速和高精度作业的要求，广泛应用于轻工业生产线。

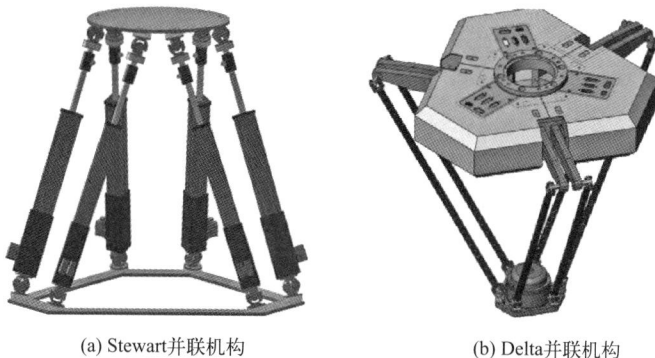

(a) Stewart并联机构　　　　(b) Delta并联机构

图 2.4　两种典型的并联机构

近年来，并联机器人在需要高刚度、高精度或者大载荷而无很大工作空间的场景中得到了广泛应用。飞行模拟器首选 Stewart 并联机构，如图 2.5 所示；此外几乎所有陆基天文望远镜都采用 Stewart 并联机构作为主镜或副镜的校准系统。Delta 并联机器人在食品、医药、电子等轻工业中应用最为广泛，在物料的搬运、包装、分拣等方面有着无可比拟的优势，在分拣生产线上的应用如图 2.6 所示。

图 2.5　飞机模拟器

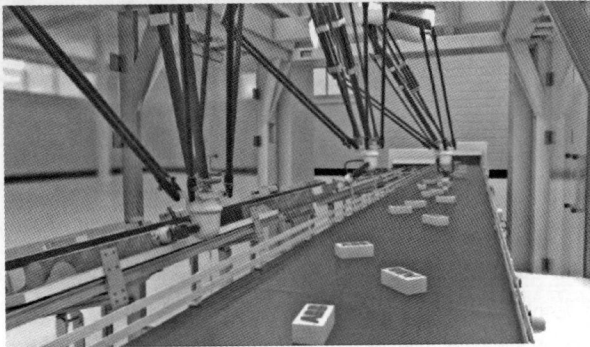

图 2.6　Delta 并联机器人在分拣生产线的应用

（2）根据机器人坐标结构分类

在工业机器人的应用中，装配、码垛、喷涂、焊接、机加工以及一般的手工业对机器人的负载能力、关节数量以及工作空间容量的要求是不同的，因此产生了不同类型的机器人。

按照坐标几何关系进行分类是最传统的分类方式，最常用的坐标结构机器人为笛卡儿坐标机器人、圆柱坐标机器人、球坐标机器人、全旋转关节式机器人和选择性柔性装配机器人。

① 笛卡儿坐标机器人（3P）　笛卡儿坐标机器人（又称直角坐标机器人）的机械臂在由 x、y、z 轴组成的右手直角坐标内做直线运动，分别表示机械臂的行程、高度和手臂伸出长度，该坐标系则称为笛卡儿坐标，如图 2.7 所示，其工作空间是一个立方体。该类型的机器人结构简单，较好的刚性结构提供了末端执行器的精确位置；需要预留大量的操作空间，操作灵活性较差；因为直线运动通常是采用旋转电机配上滚珠丝杠来实现的，堆积在螺杆上的灰尘会影响机器人的平滑运动，维护难度大；另外为保持滚珠丝杠的高刚度，其组件必须采用刚度高的材料。

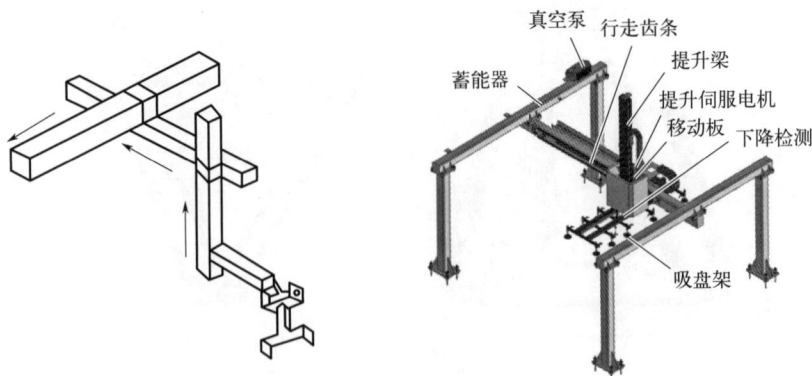

图 2.7　笛卡儿坐标机器人

② 圆柱坐标机器人（PRP）　圆柱坐标机器人主要由安装在底座上的旋转关节和臂杆上两个平移关节组成。通常将一个垂直立柱安装在旋转底座上，水平机械手安装在立柱上，能够沿垂直立柱上下运动，并可在水平方向伸缩，如图 2.8 所示。坐标参数主要是底座旋转角度、立柱高度和臂长半径。

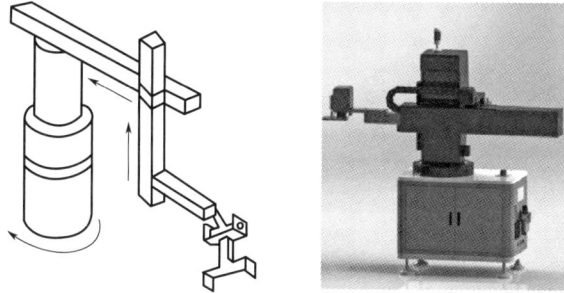

图 2.8　圆柱坐标机器人

圆柱坐标机器人水平臂和滑动架组合件可作为基座上的一个整体而旋转，由于液压、电气或气动连接机构或连线对机构存在约束等原因，一般旋转不允许超过 360°。此外，根据机械上的要求，其手臂伸出长度有最小值和最大值。此类机器人总的体积或工作包络范围是圆柱体的一部分。

圆柱坐标机器人的优点：运动学模型简单；末端执行器可以获得较高的速度；直线部分可采用液压驱动，可输出较大的动力；能够伸入腔式机器内部；相同工作空间，本体所占空间体积比直角坐标机器人要小。它的缺点：手臂可以到达的空间受到限制，不能到达近立柱或近地空间；末端执行器外伸离立柱轴心越远，线位移分辨精度越低；机器人工作时，手臂后端可能碰到工作范围内的其他物体。

③ 球坐标机器人（P2R）　球坐标机器人由两个旋转关节和一个平移关节组成，又称极坐标机器人。机械手能够实现伸缩平移，同时在垂直平面上能够垂直回转，在水平平面上能够绕底座旋转。该机械臂的操作空间在球坐标系的参数为底座旋转角度、俯仰角度和臂杆转动半径，其形成的包络空间为球面的一部分，如图 2.9 所示。

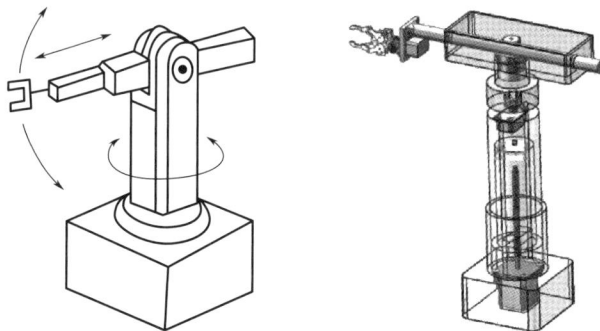

图 2.9　球坐标机器人

球坐标机器人的优点是本体所占空间体积小，机构紧凑；中心支架附近的工作范围大，伸缩关节线位移恒定。它的缺点是该坐标复杂，轨迹求解较难，难于控制，且转动关节在末端执行器上的线位移分辨率是一个变量。

④ 全旋转关节式机器人（3R）　全旋转关节式机器人的运动关节全部采用旋转关节，

这种机器人主要由底座、上臂和前臂构成。上臂和前臂可在通过底座的垂直平面内运动，在前臂和上臂间的关节称为肘关节，上臂和底座间的关节为肩关节，底座自身可以回转，其形成的包络空间为球面的大部分，如图2.10所示。

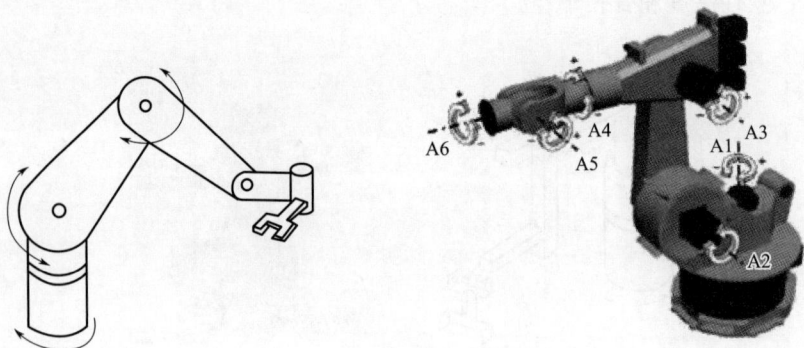

图2.10　全旋转关节机器人

全旋转关节式机器人的优点：结构紧凑，工作范围广且占用空间小，动作灵活，具有很高的可达性，可以轻易避障和伸入狭窄弯曲的管道作业，对多种作业都有良好的适应性。它的缺点：运动学模型复杂，高精度控制难度大。

目前，该机器人已广泛用于代替人完成装配、货物搬运、电弧焊接、喷漆、点焊接等作业，成为应用最为广泛的机器人。

⑤ 平面关节型机器人（SCARA）　平面关节型机器人有2个旋转关节和1个平动关节，也称选择性柔性装配机器人（selective compliance assembly robot arm），一般简称为SCARA机器人。该结构机器人的各个臂都只沿水平方向旋转，具有平行的肩关节和肘关节，关节轴线共面，如图2.11所示。2个旋转关节使机器人在水平面上灵活运动，具有较好的柔性。同时，其平动关节具有很强的刚性，能完成垂直运动，可应用于装配作业，也可应用于电子、机械和轻工业等有关产品的搬运、调试等工作。

该类型机器人的优点：结构复杂性较小，在水平方向有顺应性，速度快、精度高、柔性好。它的缺点：在垂直方向具有很高的刚度。

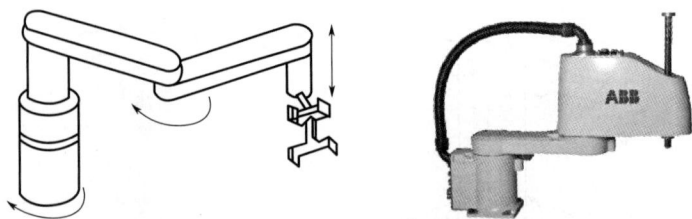

图2.11　平面关节型机器人

2.1.3　工业机器人技术参数

由于机器人的结构、用途和用户要求的不同，机器人的技术参数也不同，因此在设计使用机器人时，必须准确了解机器人的主要技术参数。机器人的技术参数反映了机器人可胜任的工作、具有的最高操作性能等情况，通过机器人的技术参数可以选择机器人的机械结构、坐标形式和传动装置等。机器人的技术参数主要包括自由度、工作空间、工作速度、定位精度、重复定位精度、工作载荷、分辨率等。

（1）自由度

自由度（degrees of freedom）是描述物体运动所需要的独立坐标数。工业机器人的自由度是机器人操作臂所具有独立坐标轴运动的数目，不包括手爪开合自由度以及手指关节自由度，一般以轴的直线移动、摆动或旋转动作的数目来表示。机器人的自由度反映了机器人动作灵活的尺度，机器人的自由度数一般等于关节数目。

确定空间目标点位置需要指定一个空间三维坐标系，例如直角坐标轴的 X、Y 和 Z三个坐标量，只要 3 个坐标即可确定一个任意空间点的位置。同样，要确定一个刚体，而非一个点的空间位置，首先需要在刚体上选择一个点，并通过 3 个数据来确定该点位置，还需要确定物体关于该点的姿态，因此需要 6 个数据才能完全描述物体的位置与姿态，如图 2.12 所示。因此需要机器人操作臂有 6 个自由度才能在工作空间内按任意位置与姿态操作物体。对于直角坐标机器人来说，由于仅仅具有 3 个自由度，因此机器人只能实现对目标物体的位置操作，实现平行于参考坐标轴的运动，无法实现指定姿态。同样，如果一个机器人具有绕 X、Y、Z 轴的旋转

图 2.12　描述刚体位姿
的六个自由度

自由度和仅沿 X、Y 轴的平移自由度，则此时操作臂可以以任意姿态操作目标物，但只能沿着 X、Y 轴而无法沿 Z 轴来指定目标物位置，由此可见增加自由度可以增强机器人的灵活性。

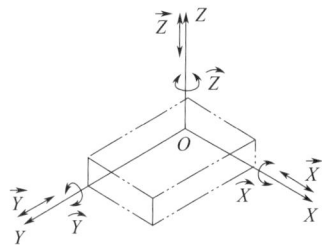

在三维空间中来指定一个物体的位置和姿态（简称位姿）通常需要 6 个自由度，即 3个自由度确定位置和 3 个自由度确定姿态。工业机器人一般多为 3～6 个自由度，例如，KUKA KR180 码垛机器人具有 5 个自由度，承载 180kg，如图 2.13 所示。ABB IRB1410机器人有 6 个自由度，如图 2.14 所示，可以进行复杂空间曲面的弧焊作业。

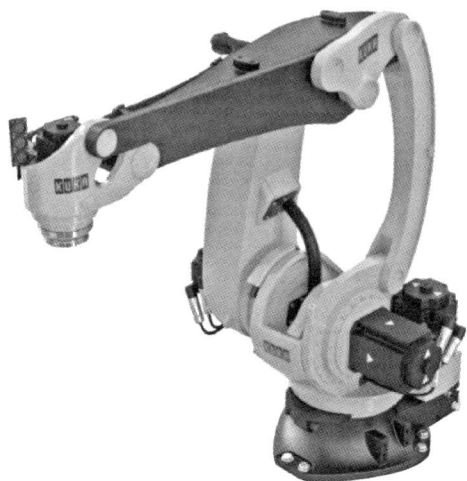

图 2.13　KUKA KR180 五自由度机器人　　　图 2.14　ABB IRB1410 六自由度机器人

从运动学的观点看，完成某一特定作业而具有多余自由度的机器人称为冗余自由度机器人。例如，对于目标物空间坐标位姿的确定，需要机器人具有 6 个自由度，若采用具有7 个及以上的自由度的机器人来操作，该机器人即为冗余自由度机器人。利用冗余自由度可以增加机器人的灵活性，躲避障碍物，并改善动力性能，但是自由度越多，控制越复

杂,随着关节数量的增加,调试的复杂程度也会相应增加,系统潜在的机械共振点也不是成比例地增加。

(2) 工作空间

工作空间又叫作工作范围,机器人的工作空间是指操作臂末端(手腕参考点或末端执行器安装点,不包括末端执行器)所能达到的所有点的集合。机器人工作空间与机器人的构型、连杆及腕关节的参数有关,可以通过数学方程来描述,同时需要规定操作臂连杆与关节的约束条件等。由于末端执行器的形状和尺寸是多种多样的,为了真实反映机器人的特征参数,工作范围是指不安装末端执行器时的工作区域。ABB IRB1200 机器人的工作空间如图 2.15 所示。

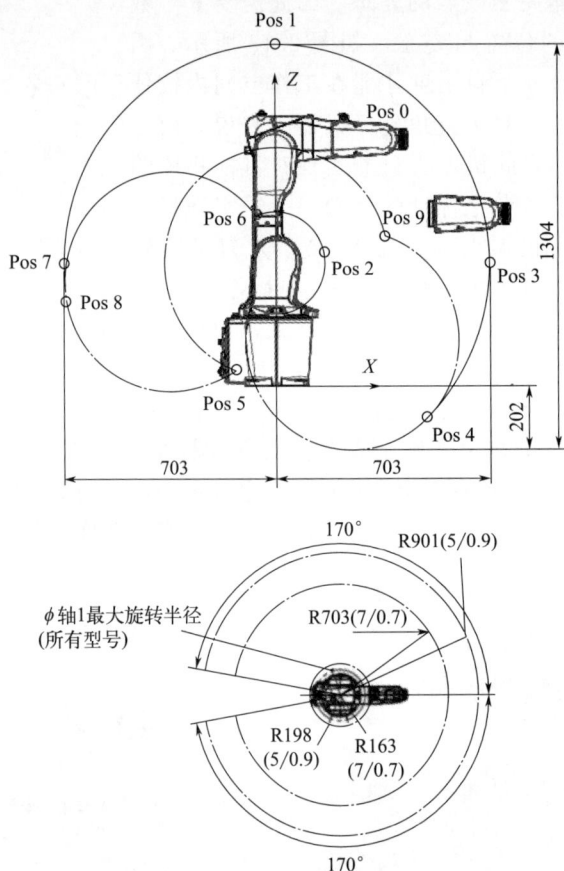

图 2.15 ABB IRB1200 机器人工作空间

由于机器人所具有的自由度及组合不同,其工作范围的形状和大小也不同,则自由度的变化量(即直线运动的距离和回转角度的大小)决定着运动图形的大小。手部不能到达的区域为作业死区(dead zone),机器人在执行某作业时也可能会因作业死区而导致任务失败。

(3) 工作速度

工作速度指机器人在工作载荷条件下及匀速运动过程中,机械接口中心或工具中心点在单位时间内所移动的距离或转动的角度。最大工作速度指在各轴联动的情况下,机器人手腕中心所能达到的最大线速度,一般机器人最大工作速度为 10m/s。运动循环包括加速启动、等速运行和减速制动三个过程，为了提高生产效率，要求缩短整个运动循环时间。但高工作速度对机器人关节结构要求更高，升降速控制、运动的平稳和精度控制难度更大。

（4）定位精度

定位精度是指机器人末端执行器实际到达位置与目标位置之间的差异，如图 2.16 所示，差距越小，说明定位精度越高。

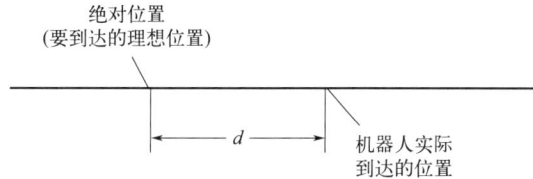

图 2.16　定位精度

机器人的定位精度主要取决于机械误差与分辨率系统误差。机械误差主要产生于传动误差、关节间隙与连杆机构的挠性。其中，传动误差是由轮齿误差、螺距误差等引起的；关节间隙是由关节处的轴承间隙、谐波齿隙等引起的；连杆机构的挠性随操作臂位形、负载的变化而变化。

（5）重复定位精度

重复定位精度是指机器人在相同的运动位置命令下，连续若干次重复定位其手部于同一目标位置的能力，可以用标准偏差这个统计量来表示。它衡量一系列误差值的密集度（即重复度），即如果动作重复多次，机器人到达同样位置的精确程度。做往复运动的物体，每次停止的位置与设定次数取得的平均值之间角度或长度的差值越小，重复定位精度越高，如图 2.17 所示。一般情况下，重复定位精度是呈正态分布的，描述方式：± 0.08mm。该指标不仅与机器人驱动器的分辨率及反馈装置有关，还受进给系统的间隙、刚度以及摩擦特性等因素的影响。

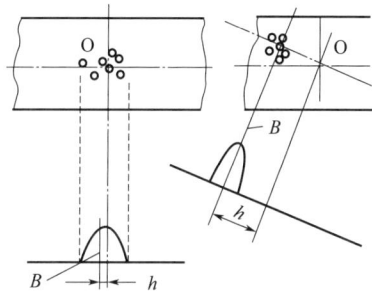

图 2.17　重复定位精度

一般而言，工业机器人的定位精度要比重复定位精度低一到两个数量级，造成这种情况的主要原因是机器人控制系统根据机器人的运动学模型来确定机器人末端执行器的位置，然而这个理论上的模型和实际机器人的物理模型存在一定的误差，产生误差的主要因素有机器人本身的制造误差、工件加工误差以及机器人与工件的定位误差等。因重复定位精度不受工作载荷变化的影响，故通常用重复定位精度这一指标作为衡量工业机器人水平的重要指标。目前，工业机器人的重复定位精度可达 $\pm(0.01 \sim 0.5)$mm。依据作业任务和末端持重不同，机器人重复定位精度亦不同，如表 2.1 所示。

表 2.1　工业机器人典型行业应用的重复定位精度

作业任务	额定负载/kg	重复定位精度/mm
搬运	5～200	$\pm 0.2 \sim 0.5$
码垛	50～800	± 0.5

续表

作业任务	额定负载/kg	重复定位精度/mm
点焊	50～350	±0.2～0.3
弧焊	3～20	±0.08～0.1
喷涂	5～20	±0.2～0.5
装配	2～5	±0.02～0.03
	6～10	±0.06～0.08
	10～20	±0.06～1

重复定位精度比定位精度更为重要，如果一个机器人定位不够精确，通常会显示一个固定的误差，这个误差是可以预测的，因此可以通过编程予以校正。然而，如果误差是随机的，那就无法预测，因此也就无法消除。重复定位精度规定了这种随机误差的范围。

重复定位精度通常通过一定次数的重复运行机器人来测定，不同速度、不同方位下，测试次数越多，得出的重复定位精度范围越大，重复定位精度的评价就越准确，也越接近于实际情况。生产商给出重复定位精度时必须同时给出测试次数、测试过程中所加负载及手臂的姿态。

（6）工作载荷

工作载荷是指机器人在工作空间内的任何位姿上所能承受的最大质量。工作载荷不仅取决于负载的质量，而且与机器人运行的速度和加速度的大小和方向有关。为保证安全，将工作载荷这一技术指标确定为高速运行时的工作载荷。通常，工作载荷不仅指负载质量，也包括机器人末端执行器的质量。

（7）分辨率

分辨率指能够由执行器完成的最小增量距离。在传感器控制的机器人运动和精确定位中，分辨率是很重要的。尽管大多数制造商依据关节位置编码器的分辨率或伺服电动机和传动装置的步长来计算系统的分辨率，但这是一种误导，因为系统摩擦、扭曲、齿隙游移和运动的配置都影响着系统分辨率。多节点串联式机械臂的有效分辨率不如其单个关节的分辨率高。

定位精度、重复定位精度与分辨率有一定关系，但并不相同，它们根据机器人使用要求设计确定，取决于机器人的机械精度与电气精度。

（8）其他参数

此外，对于一个完整的机器人还有下列参数描述其技术规格。

① 驱动方式　驱动方式是指操作臂关节执行器的动力源形式，主要有液压驱动、气压驱动和电气驱动等方式。

② 控制方式　控制方式是指机器人控制轴的方式，目前主要分为伺服控制和非伺服控制。

③ 安装方式　安装方式是指机器人本体安装在工作场合的形式，通常有地面安装、架装、吊装等形式。

④ 本体质量　本体质量是指机器人在不加任何负载时本体的质量，用于评估运输、安装等。

⑤ 环境参数　环境参数是指机器人在运输、存储，特别是工作时需要的环境条件，例如温度、湿度、腐蚀性气体、振动、防护等级和防爆等级等。

（9）典型机器人技术参数示例

不同品牌、型号、规格的机器人，其技术参数均可通过生产厂商给出的技术手册查询。以 ABB IRB120 工业机器人为例，其主要技术参数如表 2.2 所示。

表 2.2　ABB IRB120 工业机器人主要技术参数

型号	ABB IRB120	
工作载荷	3kg	
自由度	6	
重复定位精度	±0.06mm	
最大工作空间	J1 轴臂旋转	+165°/-165°
	J2 轴臂前后	+110°/-110°
	J3 轴臂上下	+70°/-90°
	J4 轴腕旋转	+160°/-160°
	J5 轴腕弯曲	+120°/-120°
	J6 轴腕扭转	+400°/-400°
最大工作速度	J1 轴臂旋转	250°/s
	J2 轴臂前后	250°/s
	J3 轴臂上下	250°/s
	J4 轴腕旋转	320°/s
	J5 轴腕弯曲	320°/s
	J6 轴腕扭转	420°/s
安装方式	地面安装、悬吊安装	
本体质量	25kg	
电源电压	200～600V,50/60Hz	
功耗	0.25kW	

2.1.4　工业机器人典型应用

随着"工业 4.0"和"中国制造 2025"的相继提出和不断深化，全球制造业正在向着自动化、集成化、智能化及绿色化方向发展。中国作为全球第一制造大国，以工业机器人为标志的智能制造在各行业的应用越来越广泛。

（1）焊接机器人

焊接机器人就是在工业机器人的末轴法兰装接焊钳、焊（割）枪或喷枪，使之能进行焊接、切割或热喷涂。焊接机器人可以代替人工独立完成焊接工作，并且现在焊接机器人的应用越来越广泛，是焊接制造业将来的发展趋势。焊接机器人能够提高焊接质量、提高生产率、节省人力成本。尤其是在焊接环境较为恶劣的情况下，工人焊接存在一定难度，而焊接机器人的出现有效地解决了这个问题。

焊接机器人按照不同标准分类可分为多种，按焊接工艺可以分为点焊机器人、弧焊机器人、激光焊接机器人等；按性能和技术参数可以分为超大焊接机器人、大型焊接机器人、中型焊接机器人和小型焊接机器人。除了以上两种分类外，焊接机器人还可以根据结构坐标系和编程模式分类。

　　焊接机器人主要包括机器人和焊接设备两部分。机器人由机器人本体和控制柜（硬件及软件）组成；而焊接设备，以弧焊及点焊为例，则由焊接电源（包括其控制系统）、送丝机（弧焊）、焊枪（钳）等部分组成。智能机器人还应有传感系统，如激光或图像传感器及其控制装置等。

　　焊接机器人目前已广泛应用在汽车制造业，如汽车底盘、座椅骨架、导轨、消声器以及液力变矩器等的焊接，尤其在汽车底盘焊接生产中得到了广泛的应用，图 2.18 为焊接机器人在汽车生产线中的应用实例。

图 2.18　焊接机器人在汽车生产线中的应用

　　除了汽车制造，机器人焊接技术还被广泛应用于航空、船舶等领域。在航空制造中，机器人焊接技术可以用于飞机机身、发动机等部件的焊接。在船舶制造中，机器人焊接技术可以用于船体、船舶设备等部件的焊接。机器人焊接技术可以大大提高航空、船舶制造的效率和质量，同时还可以减少人工操作的风险和误差。

　　除了以上应用领域，机器人焊接技术还可以应用于建筑领域。在建筑领域中，机器人焊接技术可以用于钢结构等部件的焊接。随着科技的不断发展，机器人焊接技术将会得到更广泛的应用，为各个领域的发展提供强有力的支持。

（2）搬运机器人

　　搬运机器人（transfer robot）是可以进行自动化搬运作业的工业机器人，如图 2.19 所示。最早的搬运机器人出现在 1960 年的美国，Versatran 和 Unimate 两种机器人首次用于搬运作业。搬运作业是指用一种设备握持工件，将其从一个加工位置移到另一个加工位置。搬运机器人可安装不同的末端执行器以完成各种不同形状和状态的工件搬运工作，大大减轻了人类繁重的体力劳动。世界上使用的搬运机器人逾 10 万台，被广泛应用于机床上下料、冲压机自动化生产线、自动装配流水线、码垛搬运、集装箱自动搬运等。部分发达国家已制定出人工搬运的最大限度，超过限度的搬运工作必须由搬运机器人来完成。

　　搬运机器人是近代自动控制领域出现的一项高新技术，涉及了力学、机械学、电气液压气压技术、自动控制技术、传感器技术、单片机技术和计算机技术等学科领域，已成为现代机械制造生产体系中的一个重要组成部分。它的优点是可以通过编程完成各种预期的任务，在自身结构和性能上有了人和机器的各自优势，尤其体现出了人工智能和适应性。

图 2.19 搬运机器人

（3）码垛机器人

码垛机器人是从事码垛作业的工业机器人。如图 2.20 所示，码垛机器人可将已装入容器的物体按一定顺序排列码放在托盘、栈板（木质、塑胶）上进行自动堆码，并可堆码多层，然后推出，便于叉车运至仓库存储。码垛机器人可以集成在任何生产线中，为生产现场提供智能化、机器人化、网络化；可以实现啤酒、饮料和食品加工行业多种多样码垛的作业物流，适用于纸箱、塑料箱、瓶装、袋装、桶装、膜包产品及灌装产品等的码垛作业；可配套于三合一灌装线等，对各类瓶罐箱包进行码垛。码垛机器人自动运行分为自动进箱、转箱、分排、成堆、移堆、提堆、进托、下堆、出垛等步骤。

图 2.20 码垛机器人

码垛机器人具有高速、大动作范围的特点，能提高生产力，机械臂内的中空构造，避免了电缆间的干涉。码垛专用软件具有程序自动生成、确认码垛状态、作业方式快捷方便的特点，机器人搭载高性能的控制柜及选配功能，提升了设备的使用空间。码垛机器人具有维护简单、减速器可实时监控、寿命可诊断、故障可检查、零部件快速更换等特点。

（4）喷涂机器人

喷涂机器人主要由机器人本体、计算机和相应的控制系统组成，液压驱动的喷涂机器人还包括液压油源，如油泵、油箱和电机等。多采用 5 或 6 自由度关节式结构，手臂有较大的运动空间，并可做复杂的轨迹运动，其腕部一般有 2~3 个自由度，可灵活运动。较先进的喷涂机器人腕部采用柔性手腕，既可向各个方向弯曲，又可转动，其动作类似人的手腕，能方便地通过较小的孔伸入工件内部，喷涂其内表面。喷涂机器人一般采用液压驱动，具有动作速度快、防爆性能好等特点，可通过手把手或点位示数来实现示教。喷涂机器人广泛用于汽车、仪表、电器、卫浴等产品的生产部门，图 2.21 所示为喷涂机器人在陶瓷卫浴产品生产环节的应用。

图 2.21　喷涂机器人在陶瓷卫浴产品生产线

(5) 装配机器人

装配机器人是柔性自动化装配系统的核心设备，由机器人操作机、控制器、末端执行器和传感系统组成。其中操作机的结构类型有水平关节型、直角坐标型、多关节型和圆柱坐标型等；控制器一般采用多 CPU 或多级计算机系统，实现运动控制和运动编程；末端执行器为适应不同的装配对象而设计成各种手爪和手腕等；传感系统用来获取装配机器人与环境和装配对象之间相互作用的信息。

常用的装配机器人主要有可编程通用装配操作手（programmable universal manip-ula-tor for assembly）即 PUMA 机器人和平面双关节型机器人（selective compliance assembly robot arm）即 SCARA 机器人两种类型。与一般工业机器人相比，装配机器人具有精度高、柔顺性好、工作范围小、能与其他系统配套使用等特点，主要用于各种制造行业。

装配机器人的大量作业是轴与孔的装配，为了在轴与孔存在误差的情况下进行装配，应使机器人具有柔顺性。主动柔顺性是根据传感器反馈的信息补偿，而从动柔顺性则利用不带动力的机构来控制手爪的运动以补偿其位置误差。例如美国 Draper 实验室研制的远心柔顺装置 RCC（remote center compliancedevice），一部分允许轴做侧向移动而不转动，另一部分允许轴绕远心（通常位于离手爪最远的轴端）转动而不移动，分别补偿侧向误差和角度误差，实现轴与孔的装配。

装配机器人主要用于各种电器（包括家用电器，如电视机、录音机、洗衣机、电冰箱、吸尘器）、小型电机、汽车及其部件、计算机、玩具等的装配，图 2.22 所示为机器人在汽车装配生产线中的应用。

(6) 真空机器人

真空机器人是一种在真空环境下工作的机器人，主要应用于半导体工业中，实现晶圆在真空腔室内的传输。真空机器人难进口、受限制、用量大、通用性强，制约了我国半导体制造装备整机的研发进度和整机产品的竞争力。

图 2.22　装配机器人

真空机器人关键技术包括：

① 真空机器人新构型设计技术　通过结构分析和优化设计，避开国际专利，设计新构型以满足真空机器人对刚度和伸缩比的要求。

② 大间隙真空直驱电机技术　涉及大间隙真空直驱电机和高洁净直驱电机的理论分析、结构设计、制作工艺、电机材料表面处理、低速大转矩控制、小型多轴驱动器等方面。

③ 真空环境下的多轴精密轴系的设计　采用轴在轴中的设计方法，减小轴之间的不同心度以及惯量不对称的问题。

④ 动态轨迹修正技术　通过传感器信息和机器人运动信息的融合，检测出晶圆与手指基准位置之间的偏移，通过动态修正运动轨迹，保证机器人准确地将晶圆从真空腔室中的一个工位传送到另一个工位。

⑤ 符合 SEMI 标准的真空机器人语言　根据真空机器人搬运要求、机器人作业特点及 SEMI 标准，设计真空机器人专用语言。

除上述工业机器人典型应用外，工业机器人还广泛应用在打磨抛光、净化等不同技术领域。工业机器人在工业领域应用最多，在物流等服务业中也有广泛应用。

2.2　工业机器人系统构成

2.2.1　工业机器人系统结构

现代工业自动化应用中所使用的工业机器人绝大多数仍然是示教再现型机器人，典型工业机器人系统如图 2.23 所示。

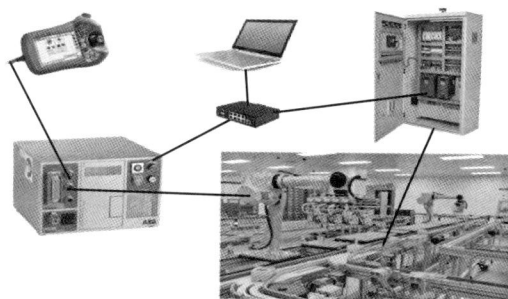

图 2.23　典型工业机器人系统

工业机器人系统通常由三大部分（六个子系统）构成，包括：

机械部分——机械结构系统、驱动系统，作为执行机构，用于实现工业机器人的各种动作。

传感部分——感受系统、机器人-环境交互系统，用于感知工业机器人内部和外部信息。

控制部分——控制系统、人机交互系统，用于控制机器人实现各种动作。

工业机器人系统的各组成部分之间的关系及与工作对象的关系如图 2.24 所示。

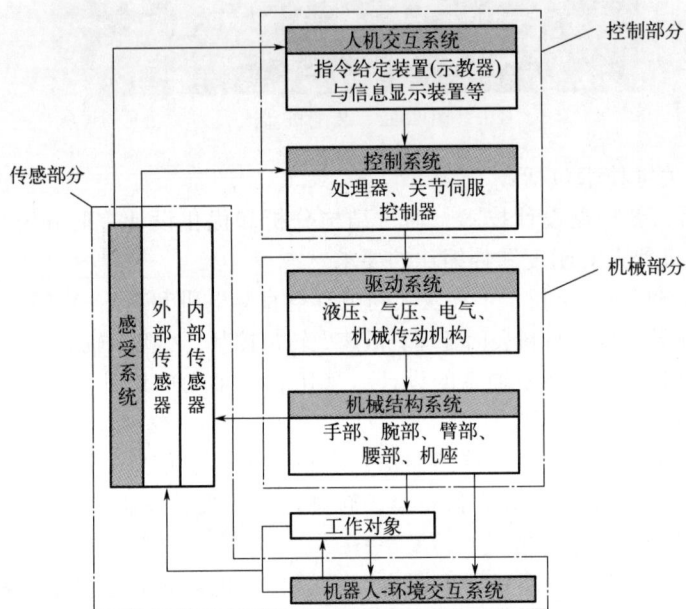

图 2.24　工业机器人系统各部分关系

2.2.2　工业机器人机械部分

工业机器人机械部分包括机械结构系统和驱动系统，类比人类骨骼和肌肉系统，主要作用包括组成机器人本体结构、提供机器人运动自由度、给机器人提供动力等。

工业机器人的机械结构又称执行机构，也称操作机，通常由骨骼（连杆）和连接它们的关节（运动副）构成，从功能角度看主要包括手部（末端执行器）、腕部、臂部、肘部、肩部、腰部、基座等部件，如图 2.25 所示。

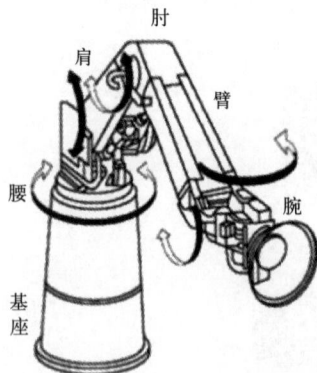

图 2.25　工业机器人主要功能部件

（1）末端执行器

末端执行器主要用于直接抓取和放置物件，部分实际应用的典型末端执行器如图 2.26 所示。

末端执行器根据不同的方式可以分为多种类型。

① 根据用途，末端执行器可以分为手爪和工具，如图 2.27 所示。

② 根据工作原理，末端执行器可分为手指式和吸附式。

a. 手指式末端执行器会根据夹持工件的不同，采用不同指型，工业机器人末端执行器常用手指类型及适合抓取的工件如图 2.28 所示。

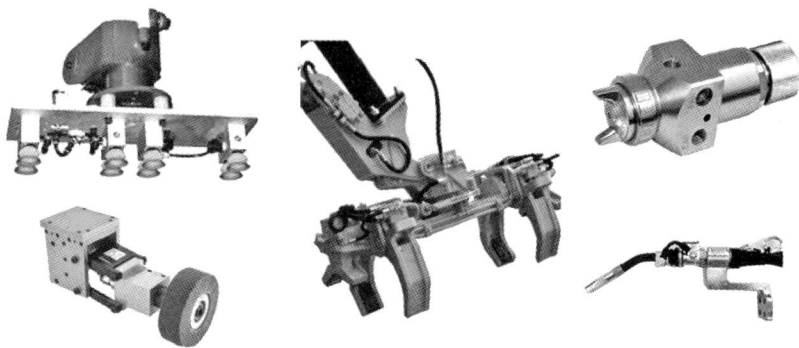

图 2.26　工业机器人典型末端执行器

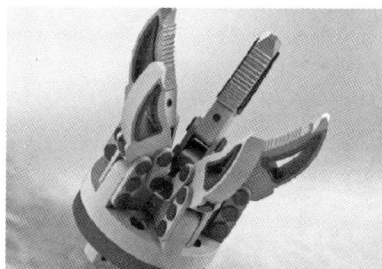

(a) 手爪

(b) 工具

图 2.27　末端执行器根据用途分类

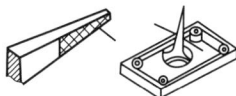

(a) V形指　　　　　(b) 平面指　　　　　(c) 尖指　　　　　(d) 柔性指

图 2.28　常用手指类型及适合抓取的工件

　　面对不同的工作任务，选用手指式末端执行器时需要注意选择适合工作任务的夹持方式，常用的夹持方式包括外夹式、内撑式和内外夹持式，如图 2.29 所示。

　　b. 常用的吸附式末端执行器可分为气吸附式末端执行器和磁吸附式末端执行器。

气吸附式末端执行器具有结构简单、重量轻、吸附力分布均匀等优点，它广泛应用于

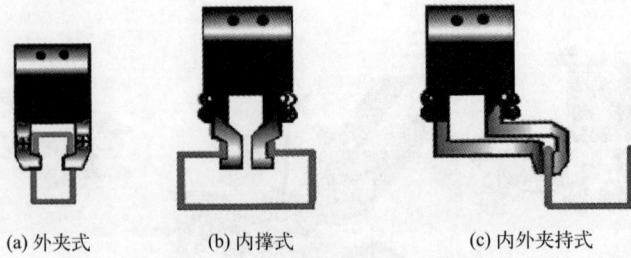

(a) 外夹式 　　　　(b) 内撑式 　　　　(c) 内外夹持式

图 2.29 常见末端执行器夹持方式

非金属材料或不可有剩磁的材料的吸附，如图 2.30 所示。

图 2.30 气吸附式末端执行器

常用的气吸附式末端执行器可分为真空吸附、挤压排气负压吸附、气流负压吸附等。

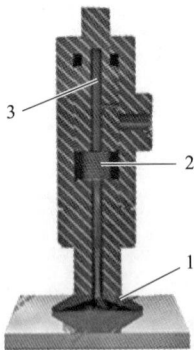

图 2.31 挤压排气吸附末端执行器
1—橡胶吸盘；2—弹簧；3—拉杆

真空吸附末端执行器取料工作可靠、吸附力大，但需要有真空系统，成本高；挤压排气负压吸附末端执行器取料时，吸盘压紧物体，橡胶吸盘变形，挤出腔内多余的空气，取料手上升，靠橡胶吸盘的恢复力将物体吸住，释放时压下拉杆 3，使吸盘腔与大气相连通而失去负压，如图 2.31 所示，这种末端执行器结构简单，但吸附力小，吸附状态不易长期保持；气流负压吸附末端执行器取物时，压缩空气高速流经喷嘴 5，其出口处的气压低于吸盘腔内的气压，于是腔内的气体被高速气流带走而形成负压，完成取物动作，当需要释放时，切断压缩空气即可，如图 2.32 所示，这种末端执行器需要的压缩空气在工厂里较易取得，故成本较低，而且吸附力较大、吸附状态稳定。

磁吸附式末端执行器是利用电磁铁通电后产生的电磁吸力取料，因此只能对铁磁物体起作用，对某些不允许有剩磁的零件禁止使用，所以磁吸附式末端执行器的使用有一定的局限性，常见的磁吸附式末端执行器及应用场景如图 2.33 所示。

③ 专用末端执行器 机器人是一种通用性很强的自动化设备，可根据作业要求完成

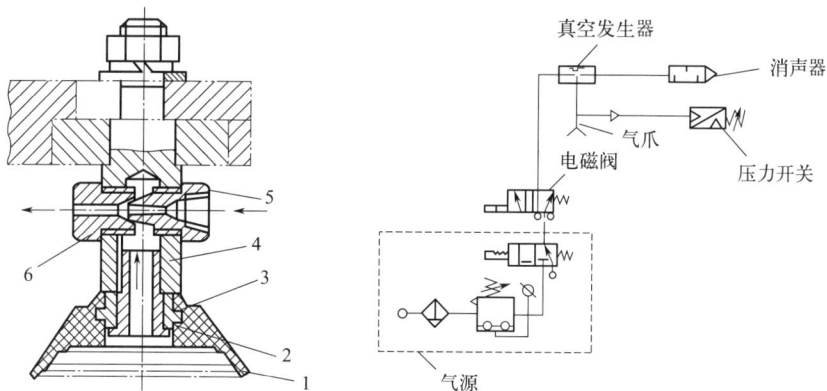

图 2.32　气流负压吸附末端执行器

1—橡胶吸盘；2—心套；3—透气螺钉；4—支承杆；5—喷嘴；6—喷嘴套

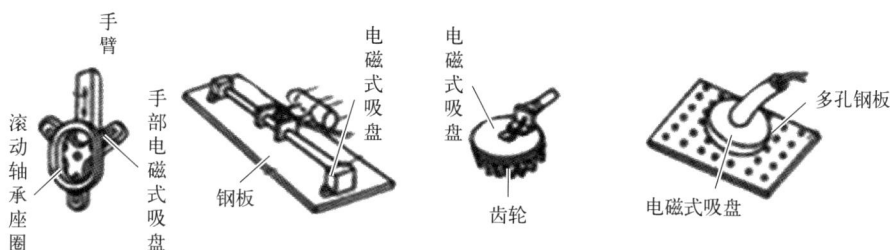

图 2.33　常见磁吸附式末端执行器

各种动作，再配上各种专用的末端执行器，就能完成不同的作业任务。例如在通用机器人上安装焊枪就成为一台焊接机器人，安装拧螺母机则成为一台装配机器人。目前有许多由专用电动、气动工具改型而成的末端执行器，如图 2.34 所示，有拧螺母机、焊枪、电磨头、电铣头、抛光头、激光切割机等。

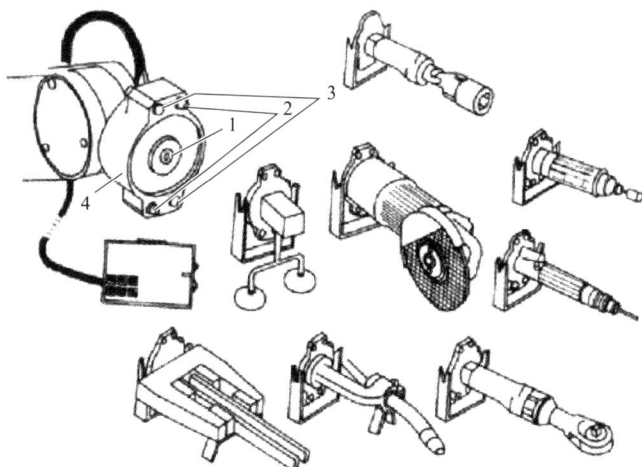

图 2.34　各种专业末端执行器

1—气路接口；2—定位销；3—电接口；4—快换主盘

④ 工具快换装置　使用一台通用机器人，要在作业时能自动更换不同的末端执行器，

就需要配置具有快速装卸功能的快换装置。快换装置由两部分组成：换接器插座和换接器插头，分别装在机器腕部和末端执行器上，能够实现机器人对末端执行器的快速自动更换。如图 2.35 所示为气动快换装置和专用末端执行器库，该快换装置也分成两部分：一部分装在手腕上，称为换接器；另一部分装在末端执行器上，称为配合器。利用气动锁紧器将两部分连接，并配有就位指示灯以表示电路、气路是否接通。

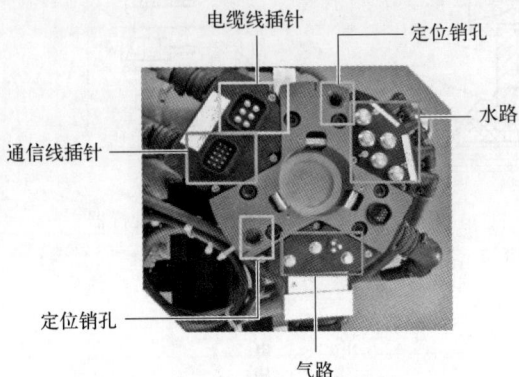

图 2.35　工具快换装置预留多种快速接口

对工具快换装置的要求主要有：同时具备气源、电源及信号的快速连接与切换功能，如图 2.35 所示；能承受末端执行器的工作载荷；在失电、失气情况下，机器人停止工作时不会自行脱离；具有一定的换接精度等。

(2) 工业机器人手腕

工业机器人的腕部起到支撑手部的作用，机器人一般具有 6 个自由度才能使手部（末端执行器）达到目标位置和处于期望的姿态。工业机器人手腕一般处于机器人末端执行器和臂部之间，手腕上的自由度主要是实现所期望的姿态。

① 手腕的运动形式　为了使手部能处于空间任意方向，要求手腕能够实现绕空间 X、Y、Z 3 个坐标轴的转动，即具有俯仰（roll，简称 R）、偏转（pitch，简称 P）和翻转（yaw，简称 Y）3 个自由度。通过 3 个自由度，工业机器人手腕可以实现臂转（绕小臂轴线方向的旋转）、手转（使末端执行器绕自身轴线方向的旋转）和腕摆（使末端执行器相对于手臂进行摆动）运动。在实际构成工业机器人手腕过程中，三种运动可以有多种组合方式，常见运动的组合方式有臂转-腕摆-手转结构和臂转-双腕摆-手转结构等，如图 2.36所示。

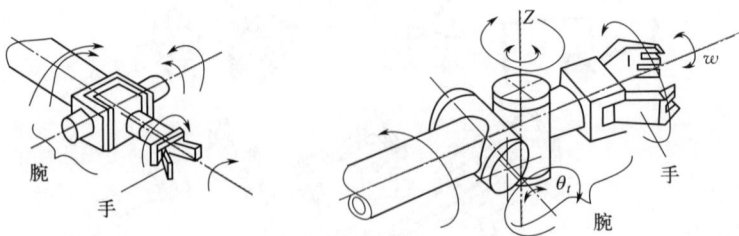

图 2.36　RPY 手腕

② 手腕按自由度数分类　工业机器人手腕按自由度数来分，可分为单自由度、二自由度和三自由度手腕，手腕的自由度数应根据工业机器人的工作性能来确定。

a. 单自由度手腕　翻转（roll）手腕——简称 R 手腕，实现单一的臂转功能。该手腕关节的 Z 轴与手臂纵轴线构成共轴线形式。这种 R 手腕旋转角度大，可达 360°以上，如图 2.37 所示。

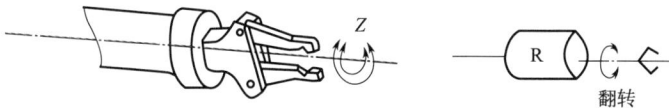

图 2.37　单自由度翻转手腕

折曲（bend）手腕——简称 B 手腕，该手腕关节的 X 轴、Y 轴线与手臂纵轴线相垂直。这种 B 手腕因为受到结构上干涉，旋转角度小，大大限制了方向角，如图 2.38 所示。

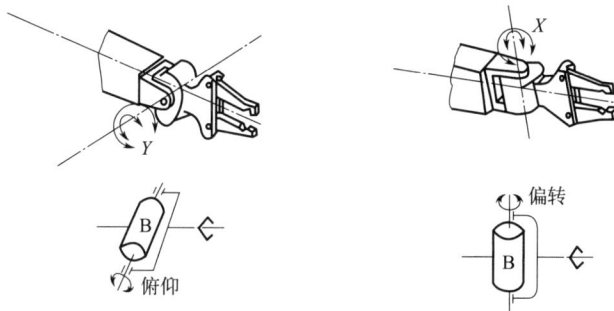

图 2.38　单自由度折曲手腕

移动手腕——简称 T 手腕，工业机器人的腕部关节轴线与手臂及手的轴线在一个方向上成一平面，不能转动只能实现直线移动，如图 2.39 所示。

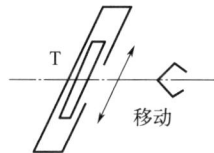

图 2.39　单自由度移动手腕

b. 二自由度手腕　工业机器人的二自由度手腕可以由一个折曲关节和一个反转关节联合构成的翻转折曲 BR 手腕实现，或由两个折曲关节组成的 BB 手腕实现，但不能用两个翻转关节（RR）构成二自由度手腕，因为两个翻转关节的运动是重复的，实际上只起到单自由度的作用，如图 2.40 所示。

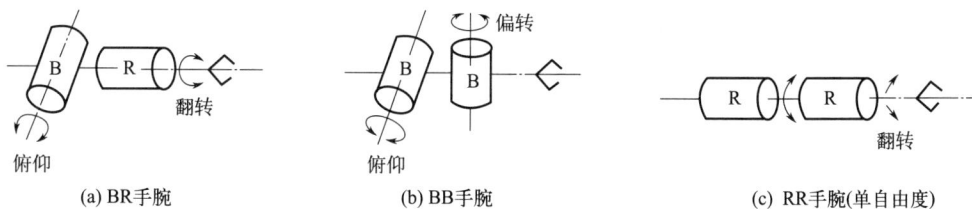

(a) BR手腕　　　　　　　(b) BB手腕　　　　　　　(c) RR手腕(单自由度)

图 2.40　二自由度手腕

c. 三自由度手腕　三自由度手腕通常由 B 关节和 R 关节组合而成，组合方式多种多样。B 关节和 R 关节排列的次序不同，会产生不同形式的三自由度手腕，三自由度手腕能使手部取得空间任意姿态。图 2.41 所示为六种三自由度手腕的组合方式示意图。

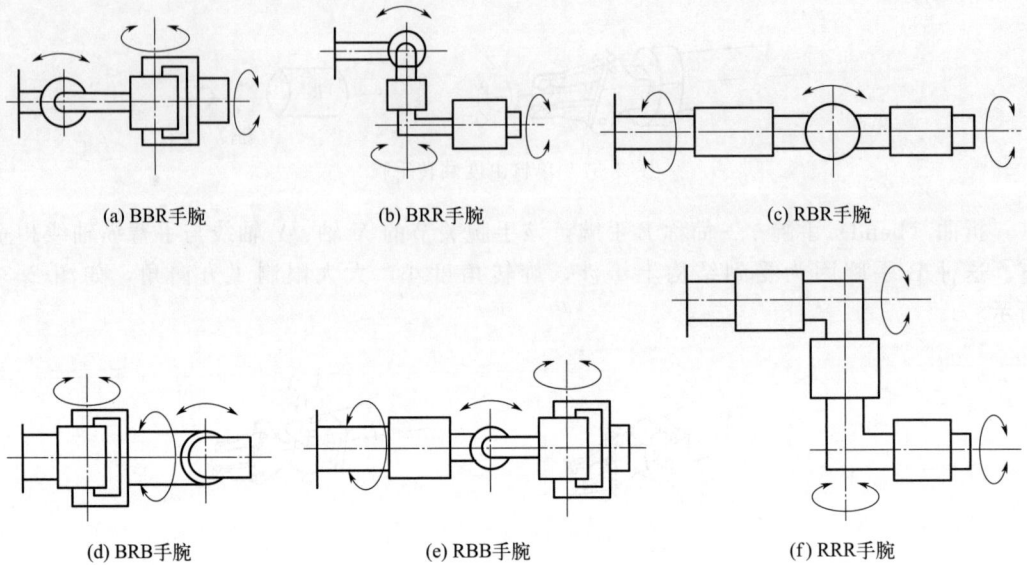

(a) BBR手腕   (b) BRR手腕   (c) RBR手腕

(d) BRB手腕   (e) RBB手腕   (f) RRR手腕

图 2.41 三自由度手腕组合方式

d. 柔顺手腕 在用工业机器人进行精密装配作业中，当被装配零件不一致，工件的定位夹具的定位精度不能满足装配要求时，会导致装配困难，这就要求装配操作要具有柔顺性。柔顺装配技术有两种，包括主动柔顺装配和被动柔顺装配。

主动柔顺装配过程中，各零配件检测、角度控制、不同路径搜索方法的应用，都可以形成装配或校正过程中的传感反馈，都对实现边校正边装配有着直接的影响。如在机器人上安装视觉传感器、力传感器等检测元件，这种柔顺装配称为主动柔顺装配。主动柔顺装配须配备一定功能的传感器，造价较高。

被动柔顺装配是利用不带动力的机构来控制机器人的运动，以补偿其位置误差。在需要被动柔顺装配的机器人结构里，一般是在腕部配置一个角度可调的柔顺环节以满足柔顺装配的需要。被动柔顺装配结构比较简单，造价比较低，装配速度快。相比主动柔顺装配技术，它要求装配件要有倾角，允许的校正补偿量受到倾角的限制，轴孔间隙不能太小。采用被动柔顺装配的机器人手腕称为机器人的柔顺手腕，图 2.42 所示为一种典型的柔顺手腕。

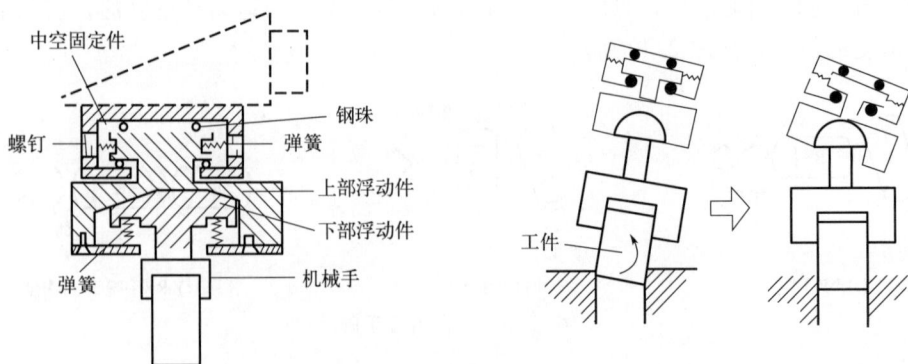

图 2.42 柔顺手腕

（3）工业机器人手臂臂部

工业机器人的手臂臂部是机器人的主要执行部件，它的作用是支撑腕部和末端执行器，并带动腕部和手部进行运动。臂部是为了让机器人末端执行器可以达到任务所要达到的位置。

机器人的手臂主要包括臂杆，以及与其伸缩、屈伸或自转等运动有关的传动装置、导向定位装置、支撑连接件和位置检测元件等。此外，还有与之连接的支撑等有关的构件、配管配线。根据臂部的运动和布局、驱动方式、传动和导向装置的不同，臂部可分为动伸缩臂、屈伸臂及其他专用的机械传动臂。

手臂一般由大臂、小臂（或多臂）所组成，用来支撑腕部和手部，实现较大运动范围。手臂通常是组成工业机器人本体的机械结构，总质量较大，受力一般比较复杂，在运动时，直接承受腕部、末端执行器和工件的静、动载荷，尤其在高速运动时，将产生较大的惯性力（或惯性力矩），引起冲击，影响定位精度。手臂的结构形式必须根据机器人的运动形式、抓取重量、动作自由度、运动精度等因素来确定。

工业机器人手臂一般具有以下特点：

① 刚度要求高　为了保证机器人的结构和运行的稳定，防止机器人运行过程中手臂出现大的形变，需要采用有效措施提高工业机器人手臂的刚度。大部分机器人通过改进手臂断面提高刚度，例如工字形断面、空心结构等；对于部分大负载工业机器人，可采用多重闭合的平行四边形的连杆机构代替单一的刚性构件的臂杆。如图 2.43 所示。

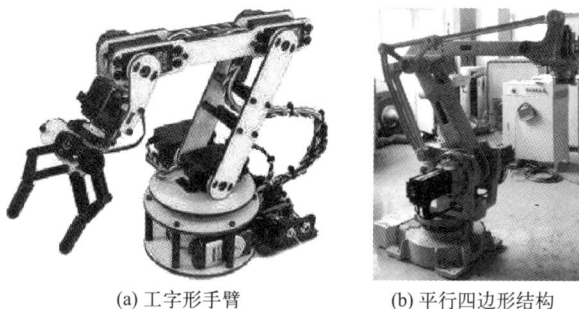

(a) 工字形手臂　　　　　　(b) 平行四边形结构

图 2.43　提高手臂刚度

② 直线移动手臂导向性要好　为防止手臂在直线运动中沿运动轴线发生相对转动，要提高其直线导向性，可以通过设置导向装置、设计方形或花键等形式的手臂结构实现，如图 2.44 所示。

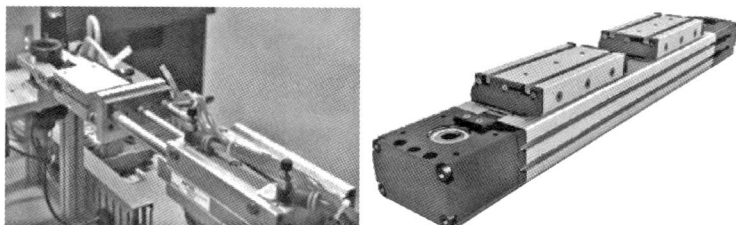

图 2.44　提高直线移动手臂导向性

③ 重量要轻　为提高机器人的运动速度，减小整个手臂对回转轴的转动惯量，可以采用特殊实用材料和几何学减轻手臂自重。例如采用镁合金或铝合金构成的横截面恒定的

冲压件、碳和玻璃纤维合成物、热塑性塑料等构成轻型材料手臂，采用合理的空心结构、工艺孔等减轻手臂自重，如图2.45所示。

图2.45 减轻手臂自重

④ 运动要平稳、定位精度要高 部分大负载机器人要采用一定形式的缓冲措施，如加入弹簧、液压等缓冲结构，如图2.46所示。

(4) 工业机器人机座

工业机器人机座是整个机器人的基础部分，起到支撑整个机器人和工作载荷的作用，要求具有足够的稳定性，有固定式机座和移动式机座两种。

① 固定式机座 若机座不具备行走或整体移动功能，则为固定式机座，如图2.47所示。固定式机座结构比较简单。固定机器人的安装分为直接地面安装、架台安装和底板安装三种形式。

图2.46 手臂缓冲措施

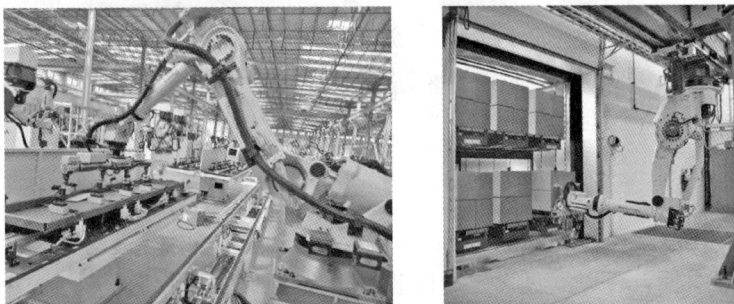

图2.47 固定式机座

机器人机座直接地面安装时，是将底板埋入混凝土中或将底板用地脚螺栓固定。底板要求尽可能稳固，以经受得住机器人手臂产生的反作用力。底板与机器人机座用高强度螺栓连接。机器人架台安装时，与机器人机座直接地面安装的要领基本相同。机器人机座与架台用高强度螺栓固定连接，架台与底板用高强度螺栓固定连接。

② 移动式机座 移动式机座满足了机器人可移动条件，是可移动机器人的重要执行部件，由驱动装置、传动机构、位置检测元件、传感器、电缆及管路等组成。它一方面支撑机器人的机身、臂部和手部，另一方面带动机器人按照工作任务的要求进行运动，扩大机器人的活动范围。机器人的移动机构按运动轨迹分为固定轨迹式移动机构和无固定轨迹式移动机构。

固定轨迹式移动机构运动形式大多为直移式，如图2.48所示，是工厂中常见的一种配置形式，具有占地面积小、能有效地利用空间、直观等优点。

图2.48 固定轨迹式移动机构

无固定轨迹式移动机构常用的包括轮式行走机构、履带式行走机构和关节式行走机构等，根据工作环境、路面情况等进行选择，图2.49为轮式移动工业机器人。

图2.49 无固定轨迹式（轮式）移动机构

（5）工业机器人驱动方式

工业机器人的驱动系统是向机械结构系统各部件提供动力的装置，工业机器人的驱动方式有直接驱动和间接驱动。根据驱动器的种类分类，常用的驱动方式包括电气驱动、液压驱动、气压驱动以及电液气混合驱动，如图2.50所示。其中，电气驱动是工业机器人最常用的驱动方式，液压驱动主要应用在大负载工业机器人，气压驱动在末端执行器上应用最多。

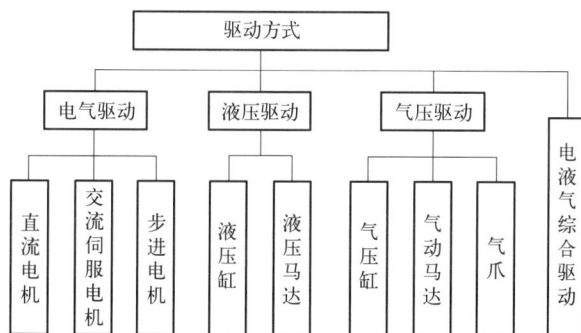

图2.50 工业机器人驱动方式

① 电气驱动 电气驱动是利用各种电机产生力和力矩，实现电能向动能的转化，进而直接或间接地驱动机器人各关节动作。

电气驱动主要特点包括：电气驱动方式控制精度高，定位精确，反应灵敏，可实现高速、高精度的连续轨迹控制，适用于中小负载或要求具有较高的位置控制精度及速度较高的机器人。

应用于工业机器人的驱动电机有直流电机、交流伺服电机、步进电机等。

a. 永磁式直流电机　永磁式直流电机有很多不同的类型，低成本的永磁式直流电机使用陶瓷（铁基）磁铁，玩具机器人和非专业机器人常应用这种电机，如图2.51所示。

图2.51　永磁式直流电机

无铁芯的转子式电机通常用在小机器人上，有圆柱形和圆盘形两种结构。这种电机有很多优点，比如电感很小，摩擦很少且没有嵌入转矩，其中圆盘形转子式电机总体尺寸较小，同时有很多换向节，可以产生具有低转矩的平稳输出。但是无铁芯转子式电机的缺点在于比热容很小，因为其质量小同时传热的通道受到限制，在大功率工作负荷下，其有严格的工作循环间隙限制以及被动空气散热需求。直流有刷电机换向时有火花，对环境的防爆性能较差。

b. 无刷直流电机　无刷直流电机使用光学或者磁场传感器以及电子换向电路来代替

图2.52　无刷直流电机

石墨电刷和铜条式换向器，因此可以减少摩擦和瞬间放电，以及换向器的磨损。如图2.52所示，无刷直流电机利用霍尔传感器感应电机转子所在位置，然后开启（或关闭）换流器中功率晶体管的顺序，产生旋转磁场，并与转子的磁铁相互作用，使电动机顺/逆时针转动。无刷直流电机在低成本的条件下表现突出，主要归功于其降低了电机的复杂程度，但是，其使用的电机控制器要比有刷电机的控制器更复杂，成本也要更高。

c. 交流伺服电机　交流伺服电机在工业机器人中应用最广，实现了位置、速度和力矩的闭环控制，其精度由编码器的精度决定，如图2.53所示。交流伺服电机具有反应迅速、速度不受负载影响、加减速快、精度

图2.53　交流伺服电机

高等优点。它不仅高速性能好，一般额定转速能达到 2000～3000r/min，而且低速运行平稳。同时，其抗过载能力强，能承受 3 倍于额定转矩的负载，对于有瞬间负载波动和要求快速启动的场合特别适用。

　　d. 步进电机　步进电机将电脉冲信号变换为相应的角位移或直线位移，如图 2.54 所示。它的角位移和线位移量与脉冲数成正比，转速或线速度与脉冲频率成正比。在负载能力的范围内，这些关系不因电源电压、负载、环境条件的波动而变化，误差不长期积累，但由于其控制精度受步距角限制，调速范围相对较小，高负载或高速度时易失步，低速运行时会产生振动等缺点，一般只应用于小型机器人或简易机器人。

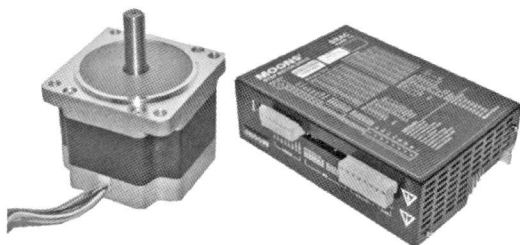

图 2.54　步进电机

　　② 液压驱动　机器人液压驱动中应用较多的是液压伺服控制系统，它主要由液压油、驱动器、伺服阀、传感器和控制回路组成，如图 2.55 所示。

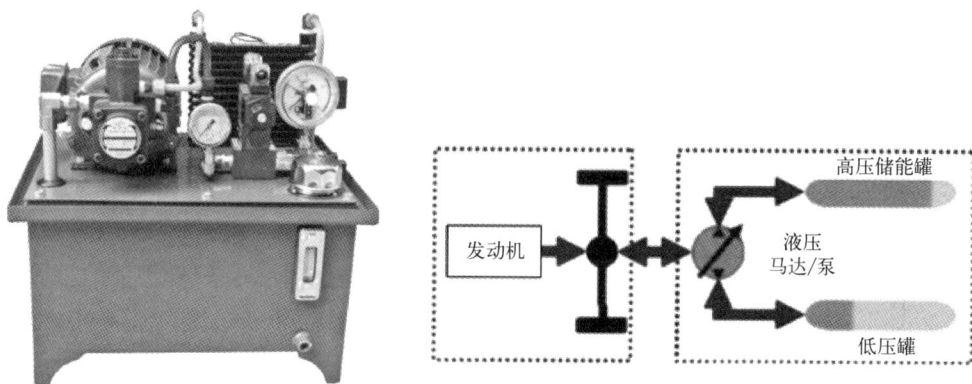

图 2.55　液压伺服控制系统

　　液压泵将液压油供到伺服阀，给定位置指令值与位置传感器的实测值之差，由放大器放大后送到伺服阀。当信号输入到伺服阀时，液压油被供到驱动器并驱动载荷。当反馈信号与输入指令值相同，驱动器便停止工作。伺服阀是液压伺服控制系统中不可缺少的一部分，它利用电信号实现液压伺服控制系统的能量控制。在响应快、载荷大的伺服系统中往往采用液压驱动，原因在于液压驱动的功率体积比最大。

　　电液伺服阀是电液伺服控制系统中的放大转换元件，它把输入的小功率信号转换并放大成液压大功率信号输出，实现执行元件的位移、速度、加速度及力的控制。

　　液压驱动控制精度较高、可无级调速、反应灵敏、可实现连续轨迹控制。液压驱动操作力大、功率体积比大，适合于大负载、低速驱动，在大负载机器人中应用较多，如图 2.56 所示。液压驱动的缺点：对密封的要求较高、能量传递效率较低、对温度有要求，此外，要求制作精度较高，成本较高。

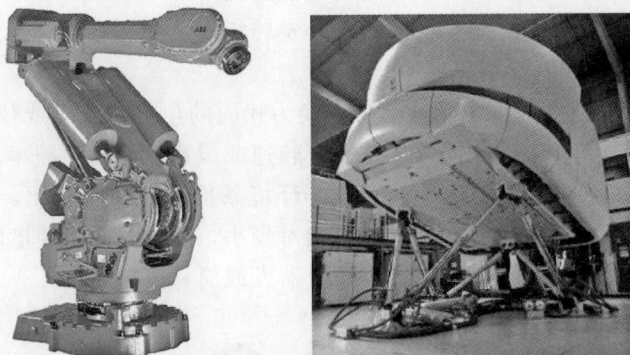

图 2.56 液压驱动机器人

③ 气压驱动 常见的气压驱动系统如图 2.57 所示，气压驱动的工作原理与液压驱动相似，靠压缩空气来推动气缸运动进而带动元件运动。由于气体压缩性大、精度低、阻尼效果差、低速不易控制，其难以实现伺服控制，能效比较低，但其结构简单，成本低，适用于轻负载、快速驱动、精度要求较低的有限点位控制的工业机器人，如冲压机器人，或用于点焊等较大型通用机器人的气动平衡中，或用于装配机器人的气动夹具。

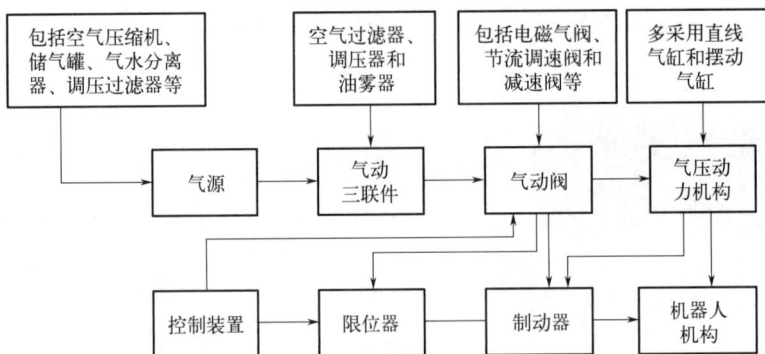

图 2.57 常见的气压驱动系统

图 2.58 所示的气爪就是典型的气压驱动系统，气动手爪运动时，气泵、油水分离器控制阀与夹具采用气管相连，机器人控制器与电磁阀采用电线相连，一般通过 24V 或

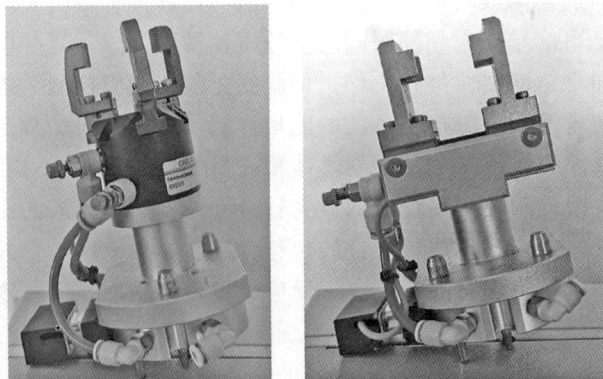

图 2.58 气爪

220V 电源控制电磁阀的通断来调整气流的走向。

气动手爪具有动作迅速、结构简单、造价低等优点；缺点是操作力小、体积大、速度不易控制、响应慢、动作不稳定、有冲击，此外由于空气在负载作用下会压缩和膨胀，使得气缸很难精确控制。

（6）工业机器人传动装置

工业机器人的传动装置以一种高效能的方式通过关节将驱动器和机器人连杆结合起来，其效能取决于传动比。它决定了驱动器到连杆的转矩、速度和惯性之间的关系，其选用和计算与一般机械的传动装置大致相同。

工业机器人的传动装置主要包含轴承、丝杠传动装置、齿轮（圆柱齿轮、锥齿轮、齿轮链、齿轮齿条、蜗轮蜗杆等）、行星齿轮传动装置和 RV 减速器，还有柔性元件传动（谐波减速器和同步带传动等）。

① 轴承　支撑元件，主要功能是支撑机械旋转体，用以降低设备在传动过程中的机械载荷和摩擦系数。对机器人的运转平稳性、重复定位精度、动作精确度以及工作的可靠性等关键性能指标具有重要影响。

滚动轴承通常由外圈、内圈、滚动体和保持器四个主要部件组成。对于密封轴承，再加上润滑剂和密封圈（或防尘盖），如图 2.59 所示。

图 2.59　滚动轴承

内圈和外圈也称为套圈。内圈外圆面和外圈内圆面上都有滚道（沟），起导轮作用，限制滚动体向侧面移动，同时也起到了增大滚动体与圈的接触面积，以降低接触应力的作用。滚动体（钢球、滚子或滚针，如图 2.60 所示）在轴承内通常借助保持架均匀地排列在两个套圈之间做滚动运动，是保证轴承内外套圈之间具有滚动摩擦的零件，它的形状、大小和数量直接影响轴承的负荷能力和使用性能。

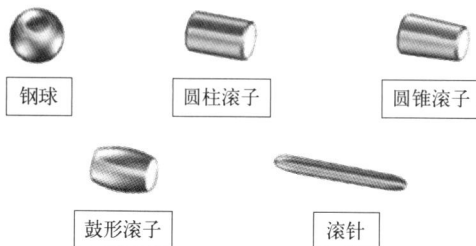

| 钢球 | 圆柱滚子 | 圆锥滚子 |

| 鼓形滚子 | 滚针 |

图 2.60　滚动体

a. 等截面薄壁轴承　等截面薄壁轴承又叫薄壁套圈轴承，如图 2.61 所示。等截面薄壁轴承与普通轴承不同，该种轴承每个系列的横截面尺寸被设计为固定值，它不随内径尺寸增大而增大，故称为等截面薄壁轴承。

图 2.61　等截面薄壁轴承

等截面薄壁轴承具有如下特点：

极度轻且需要空间小。若要提高工业机器人的刚度质量比值，就需要使用空心或者薄壁结构。大内孔、小横截面的薄壁轴承的使用，可以节省空间，降低重量，大直径的空心轴内部可容纳水管、电缆等，确保了轻量化和配线的空间，使主机的轻型化、小型化成为可能。

小外径钢球的使用显著减小了摩擦，实现了低摩擦扭矩、高刚度、良好的回转精度。

b. 交叉滚子轴承　交叉滚子轴承的圆柱滚子或圆锥滚子在呈 90°的 V 形沟槽滚动面上，通过隔离块被相互垂直地排列，所以交叉滚子轴承可承受径向负荷、轴向负荷及力矩负荷等多方向的负荷，适合于工业机器人的关节部位和旋转部位，被应用于工业机器人的腰部、肘部、腕部等部位。如图 2.62 所示，圆柱滚子在轴承内外圆滚道内相互垂直交叉排列。

交叉滚子轴承具有如下特点：

- 具有出色的旋转精度。
- 操作安装简便。
- 承载能力强，刚度好。

② 丝杠传动　丝杠可以将驱动轴的角位移转换成直线位移，转换精度较高，常用的有普通丝杠和滚珠丝杠。

普通丝杠传动是由一个旋转的精密丝杠驱动一个螺母沿丝杠轴向移动，如图 2.63 所示。低成本机器人可使用普通丝杠传动装置，它的特点是在光滑的轧制丝杠上采用热塑性塑料螺母。由于普通丝杠的摩擦力较大、效率低、惯性大，在低速时容易产生爬行现象，而且精度低、回差大，因此在机器人上很少采用。

图 2.62　交叉滚子轴承

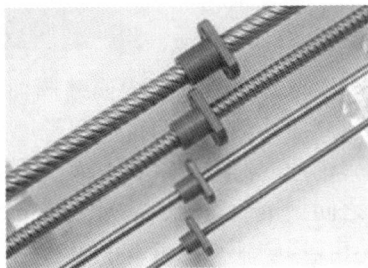

图 2.63　普通丝杠

在丝杠和螺母上加工有弧形螺旋槽，当把它们套装在一起时可形成螺旋滚道，并且滚道内填满了滚珠。当丝杠相对于螺母做旋转运动时，滚珠沿着滚道滚动，在丝杠上滚过数圈后，通过回程引导装置（回珠器）滚回到丝杠和螺母之间，构成一个闭合的回路管道。由于滚珠的存在，传动过程中所受的摩擦力是滚动摩擦力，极大地减小了摩擦力，因此提高了传动效率，且运动响应速度快，如图 2.64 所示。滚珠丝杠是回转运动与直线运动相互转换的理想传动装置。

滚珠丝杠具有机械效率高，传动精度高，可以高速进给和微进给，轴向刚度高，传动的可逆性等特点。

③ 齿轮传动

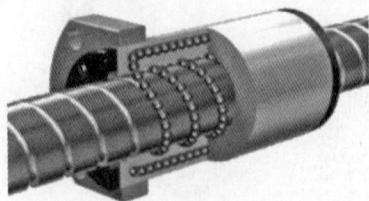

图 2.64　滚珠丝杠

a. 齿轮分类　根据中心轴平行与否，齿轮可分为两轴平行齿轮与两轴不平行齿轮。两轴平行齿轮又可进一步分类，具体分类如图 2.65 所示。

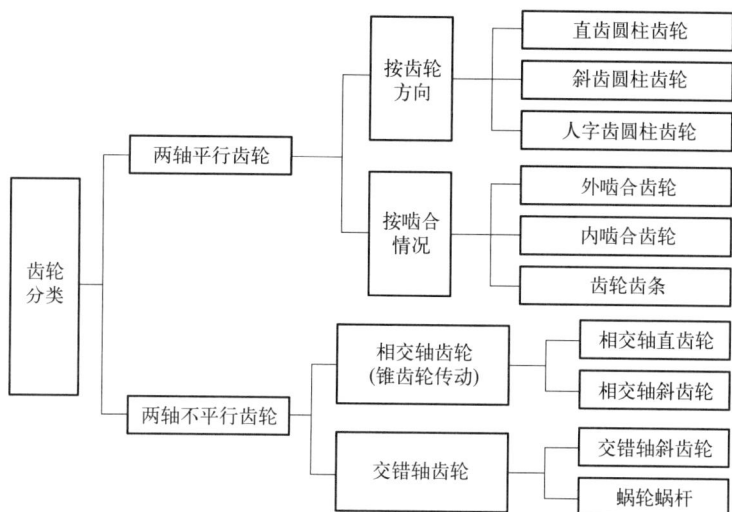

图 2.65　齿轮分类

两轴平行齿轮按齿轮方向可分为斜齿轮、直齿轮和人字齿圆柱齿轮，如图 2.66 所示。

(a) 直齿圆柱齿轮　　　　(b) 斜齿圆柱齿轮　　　　(c) 人字齿圆柱齿轮

图 2.66　按齿轮方向分类

两轴平行齿轮按啮合情况可分为外啮合齿轮、内啮合齿轮和齿轮齿条，如图 2.67 所示。

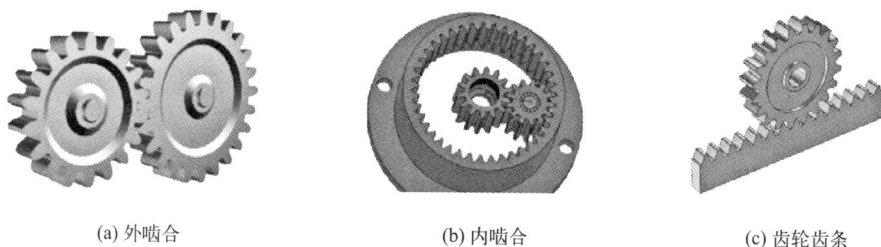

(a) 外啮合　　　　　　(b) 内啮合　　　　　　(c) 齿轮齿条

图 2.67　按齿轮啮合情况分类

两轴不平行齿轮又可分为相交轴齿轮和交错轴齿轮两类。相交轴齿轮按轮齿可分为直齿和斜齿两类，交错轴齿轮可分为交错轴斜齿轮、蜗轮蜗杆，如图 2.68 所示。

b. 齿轮链传动特点　两个或两个以上的齿轮组成的传动机构称为齿轮链，如图 2.69 所示。它不但可以传递运动角位移和角速度，而且还可以传递力和力矩。齿轮链传动具有以下特点。

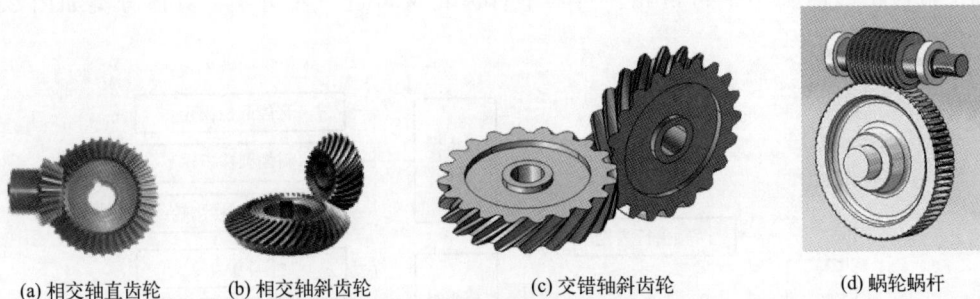

(a) 相交轴直齿轮　　(b) 相交轴斜齿轮　　　　(c) 交错轴斜齿轮　　　　　(d) 蜗轮蜗杆

图 2.68　两轴不平行齿轮

图 2.69　齿轮链

优点：

- 瞬时传动比恒定，可靠性高，传递运动准确可靠；
- 传动比范围大，可用于减速或增速；
- 圆周速度和传动功率的范围大，可用于高速（大于 40m/s）、中速和低速（小于 25m/s）运动时的传动，功率可以从小于 1W 到 105kW；
- 传动效率高；
- 结构紧凑，适用于近距离传动；
- 维护简便。

缺点：

- 精度不高的齿轮，传动时噪声、振动和冲击大，污染环境；
- 无过载保护作用；
- 制造某些具有特殊齿形或精度很高的齿轮时，工艺复杂，成本高；
- 不适宜用在中心距较大的场合。

c. 齿轮传动应用　齿轮传动常用于基座，而且往往与长传动轴联合，实现了驱动器和驱动关节之间的长距离动力传输；大直径的转盘齿轮用于大型机器人的基座关节；小直径（低齿数）的齿轮、渐开线齿面齿轮，经常被应用于大型龙门式机器人和轨道式机器人；蜗轮蜗杆传动偶尔会被应用于低速机器人或机器人的末端执行器中。

使用齿轮链机构应注意以下两个问题：

齿轮链的引入会改变系统的等效转动惯量，从而使驱动电机的响应时间减小，这样伺服系统就更加容易控制。

在引入齿轮链的同时，由于齿轮间隙误差（齿隙误差），将会导致机器人手臂的定位误差增加；而且假如不采取一些补救措施，齿隙误差还会引起伺服控制系统的不稳定性。

d. 齿轮齿条传动　齿轮齿条传动机构常在机器人手臂的伸缩、升降及横向（或纵向）移动等直线运动中被用到。当齿条固定不动、齿轮传动时，齿轮轴连同拖板沿齿条方向做直线运动，这样，齿轮的旋转运动就转换成为拖板的直线运动。

齿条的往复运动可以带动与手臂连接的齿轮做往复回转运动，即实现手臂的回转运动。齿条的往复运动还能控制夹钳的张合。如齿轮杠杆式手部由齿轮齿条直接传动驱动杆末端制成双面齿条，与扇齿轮相啮合，而扇齿轮与手指固定在一起，可绕支点回转。驱动力推动齿条做直线往复运动，即可带动扇齿轮回转，从而使手指松开或闭合。

④ 行星齿轮传动　行星减速器以其体积小、传动效率高、减速范围广、精度高等诸多优点，而被广泛应用于伺服电机、步进电机与直流电机等传动系统中。其作用就是在保证精密传动的前提下，用来降低转速、增大扭矩和降低负载/电机的转动惯量比。

a. 行星齿轮　行星齿轮的结构很简单，有一大一小两个圆，两圆同心，在两圆之间的环形部分有另外几个小圆，所有的圆中最大的一个是内齿环，其他四个小圆都是齿轮，中间那个叫太阳轮，另外三个小圆叫行星轮。除了能像定轴齿轮那样围绕着自己的转动轴转动之外，它们的转动轴还随着行星架绕其他齿轮的轴线转动。绕自己轴线的转动称为"自转"，绕其他齿轮轴线的转动称为"公转"，就像太阳系中的行星那样，如图 2.70 所示。

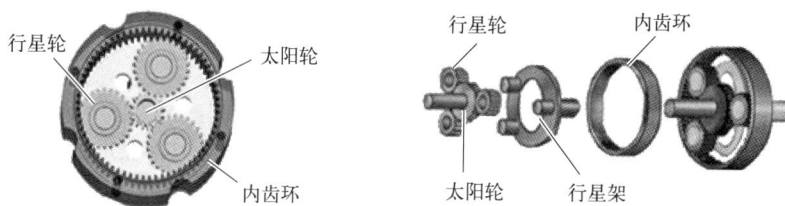

图 2.70　行星齿轮结构

b. 行星减速器　采用行星齿轮制成的减速器，称为行星减速器，是比较典型的减速器之一，如图 2.71 所示。

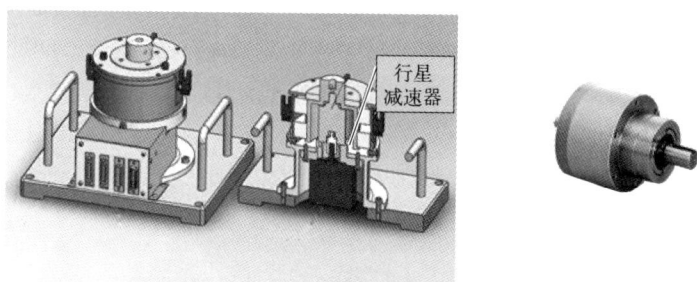

图 2.71　行星减速器

行星减速器中如果内齿环固定，电机带动太阳轮，太阳轮再驱动支撑在内齿环上的行星轮，行星架连接输出轴，就达到了减速的目的。若太阳轮的齿数为 a，行星齿轮的齿数为 b，内齿环的齿数为 c，其减速比为 $c/a+1$。

由于一套行星齿轮无法满足较大的传动比，有时需要二套或三套来满足用户对较大传动比的要求，且一般不超过三套，如图 2.72 所示。但有部分大减速比订制减速器有四套行星齿轮，可用"级数"来描述套数。

行星减速器有以下特点：
- 结构紧凑，承载能力大，工作平稳。
- 大功率高速行星齿轮传动结构较复杂，制造精度要求高。
- 行星齿轮传动中有些类型效率高，但传动比不大；有些类型则传动比可以很大，但效率较低。行星减速器的效率随传动比的增大而减小。

行星齿轮传动常常被应用在紧凑的齿轮马达中。为了尽量减少节点齿轮驱动的齿隙游移（空程），齿轮传动系统需要进行细致的设计、高的精度和刚度的支撑，用来产生一个不以牺牲刚度、效率和精度来实现小齿隙的传动机构。机器人的齿隙游移被一些方法所控

① 输出轴
② 线圈
③ 滚珠轴承
④ 输出端盖
⑤ 线圈
⑥ 齿轮轴
⑦ 连接螺栓
⑧ 行星齿轮
⑨ 保护外壳
⑩ 行星齿轮架
⑪ 齿圈
⑫ 隔离垫片
⑬ 输入太阳轮
⑭ 输入端盖

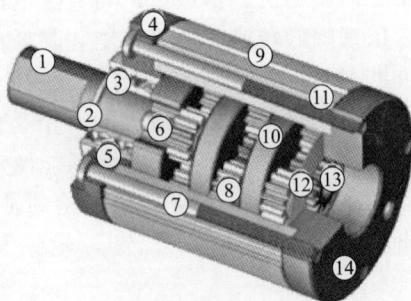

图 2.72 多套行星齿轮构成的行星减速器

制，包括选择性装配、齿轮中心调整和专门方向游移的设计。

⑤ RV 减速器 RV 减速器由一个行星齿轮减速器的前级和一个摆线针轮减速器的后级组成，图 2.73 所示为常见 RV 减速器结构。RV 齿轮利用滚动接触元素减少磨损，延长使用寿命；摆线设计的 RV 齿轮和针齿轮结构，进一步减少齿隙，以获得比传统减速器更高的耐冲击能力。此外 RV 减速器具有结构紧凑、扭矩大、定位精度高、振动小、减速比大、噪声低、能耗低等诸多优点，被广泛应用于工业机器人中。

a. RV 减速器组成 RV 减速器的组成主要由齿轮轴、行星轮、曲柄轴、转臂轴承、RV 齿轮、针轮、刚性盘及输出盘等零部件组成，如图 2.74 所示。

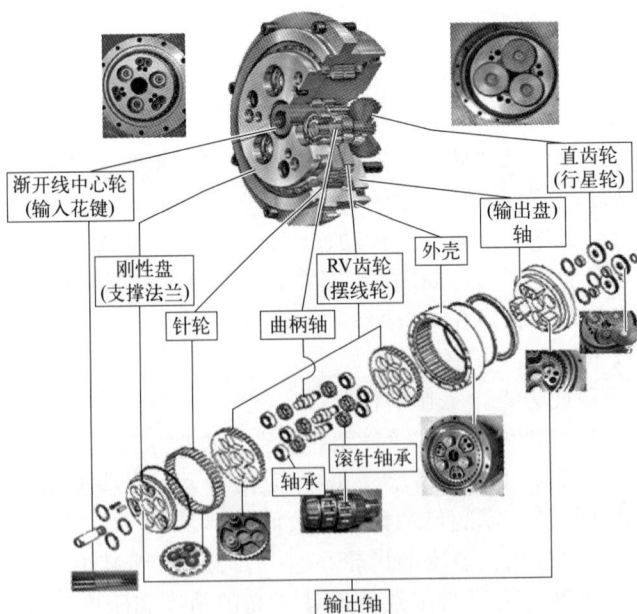

图 2.73 RV 减速器

渐开线中心轮
(输入花键)
刚性盘
(支撑法兰)
针轮
曲柄轴
RV齿轮
(摆线轮)
外壳
直齿轮
(行星轮)
(输出盘)
轴
轴承
滚针轴承
输出轴

图 2.74 RV 减速器组成

齿轮轴：齿轮轴用来传递输入功率且与行星轮互相啮合。

行星轮：它与转臂（曲柄轴）固联，均匀地分布在一个圆周上，起功率分流的作用，即将输入功率传递给摆线针轮行星机构。

曲柄轴：RV 齿轮的旋转轴。它的一端与行星轮相连接，另一端与支撑法兰相连接，它采用滚动轴承带动 RV 齿轮产生公转，又支撑 RV 齿轮产生自转。滚动接触机构启动效率优异，磨耗小，寿命长，齿隙小。

RV 齿轮（摆线轮）：为了实现径向力的平衡并提供连续的齿轮啮合，在该传动机构中，一般应采用两个完全相同的 RV 齿轮，分别安装在曲柄轴上，且两 RV 齿轮的偏心位置相互成 $180°$。

针轮：针轮与机架固连在一起而成为针轮壳体，在针轮上安装有针齿，其间隙小，耐冲击力强。所有针齿以等分分布在相应的沟槽里，并且针齿的数量比 RV 轮齿的数量多一个。

刚性盘与输出盘：输出盘是 RV 型传动机构与外界从动工作机相连接的构件，输出盘与刚性盘相互连接成为一个双柱支撑机构整体，从而输出运动或动力。在刚性盘上均匀分布转臂的轴承孔，转臂的输出端借助于轴承安装在这个刚性盘上。

b. RV 减速器的工作原理　RV 减速器由两级减速机构组成，如图 2.75 所示。

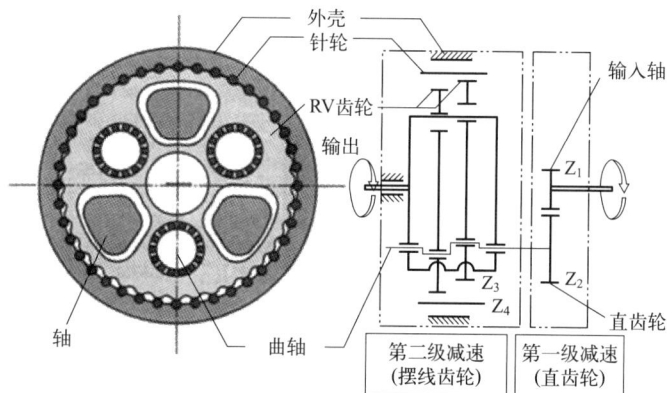

图 2.75　RV 减速器传动

• 第一级减速。伺服电机的旋转由输入花键的齿轮传动到行星齿轮，从而使速度减慢。如果输入花键的齿轮顺时针方向旋转，那么行星齿轮在公转的同时还有逆时针方向自转，而直接与行星齿轮相连接的曲柄轴也以相同速度进行旋转，作为摆线针轮传动部分的输入，如图 2.76 所示。所以说，伺服电机的旋转运动由输入花键的齿轮传递给行星轮，进行第一级减速。

• 第二级减速。第二级减速结构如图 2.77 所示，由于两个 RV 齿轮被固定在曲柄轴的偏心部位，所以当曲柄轴旋转时，带动两个相距 $180°$ 的 RV 齿轮做偏心运动。此时 RV 齿轮绕其轴线公转的同时，由于 RV 齿轮在公转过程中会受到固定于针齿壳上的针齿的作用力而形成与 RV 齿轮公转方向相反的力矩，于是形成反向自转，即顺时针转动。此时 RV 齿轮轮齿会与所有的针齿进行啮合，当曲柄轴完整地旋转一周，RV 齿轮会旋转一个针齿的间距。

c. RV 减速器的选用　RV 减速器型号有很多种，因此在选择 RV 减速器时，需要先确认负载特性，计算平均负载转矩与平均输出转速，然后从 RV 减速器的额定表中暂时选定型号，从而计算减速器寿命，确认输入转速，确认启动、停止时转矩，确认外部冲击转矩、主轴承能力、倾斜角度等是否在允许范围内，满足要求后再确定型号。

图 2.76 第一级减速结构

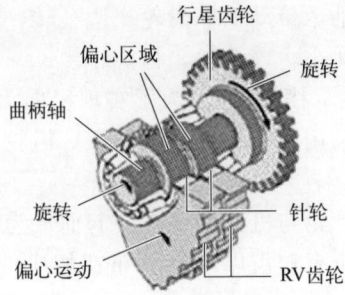

图 2.77 第二级减速结构

⑥ 谐波减速器 在人机协作中，制作机器人时常选用柔性传动元件。这种形式的机械柔顺性保证了传动装置与连杆之间的惯性解耦，从而减少了与人类意外碰撞时的动能。这种机械设计不但增加了安全性，更保证刚性机器人的速度要求及末端执行器运动精度等要求。

谐波减速器是一种依靠弹性变形运动来实现传动的新型机构，它突破了机械传动采用刚性构件机构的模式，使用了一个柔性构件来实现机械传动。此种传动方式在机器人技术比较先进的国家已得到了广泛的应用，它传动比大、结构紧凑，常用在中小型机器人上。工业机器人的腕部传动多采用谐波减速器。

a. 谐波减速器的组成 谐波传动系统由 3 个基本构件组成，包括刚轮、柔轮和波发生器，如图 2.78 所示。

图 2.78 谐波减速器组成结构

刚轮：刚性的内齿轮。柔轮：薄壳形元件，具有弹性的外齿轮。波发生器：由凸轮（通常为椭圆形）和薄壁轴承组成，装在谐波发生器上的滚珠用于支撑柔性齿轮。谐波发生器驱动柔性齿轮旋转并使之发生弹性变形，转动时柔性齿轮的椭圆形端部只有少数齿与刚性齿轮啮合。

b. 谐波减速器的工作原理 当波发生器发生连续转动时，柔轮齿在啮入—啮合—啮出—脱开这 4 种状态循环往复不断地改变各自原来的啮合状态，如图 2.79 所示。这种现象称为错齿运动，这种错齿运动使减速器可以将输入的高速转动变为输出的低速转动。波发生器相对刚轮转动一周时，柔轮相对刚轮的角位移为两个齿距。这个角位移正是减速器输出轴的转动，从而实现了减速的目的。

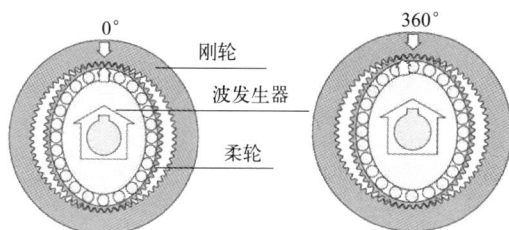

图 2.79　谐波减速器工作原理

任意固定三个构件（刚轮、柔轮、波发生器）中的一个，可称为减速传动及增速传动。作为减速器使用时，通常采用固定刚轮，谐波发生器装在输入轴上，柔性齿轮装在输出轴上。谐波齿轮传动的传动比为：

$$i = z_1 / (z_2 - z_1)$$

式中，z_1 为柔轮的齿数；z_2 为刚轮的齿数，负号表示柔轮的转向与波发生器的转向相反。

c. 谐波减速器特点包括以下几个方面：

• 减速比高。单级同轴可获得 $1/30 \sim 1/320$ 的高减速比。结构、构造简单，却能实现高速减速比装置。

• 齿隙小。谐波驱动不同于普通的齿轮啮合，齿隙极小，对于控制器是不可缺的要素。

• 精度高。多齿同时啮合，并且有两个 180° 对称的齿轮啮合，因此齿轮齿距误差和累计齿距误差对旋转精度的影响较为平均，使位置精度和旋转精度达到极高的水准。

• 零部件少，安装简便。三个基本零部件实现高减速比，而且它们都在同轴上，所以套件安装简便，造型简洁。

• 体积小，重量轻。与以往的齿轮装置相比，体积为 $1/3$，重量为 $1/2$，却能获得相同的转矩容量和减速比，实现小型轻量化。

• 转矩容量高。柔轮材料使用疲劳强度大的特殊钢，与普通的传动装置不同。同时啮合的齿数约占总齿数的 30%，而且是面接触，因此使得每个齿轮所承受的压力变小，可获得很高的转矩容量。

• 效率高。轮齿啮合部位滑动甚小，减少了摩擦产生的动力损失，因此在获得高减速比的同时，得以维持高效率，并实现驱动马达的小型化。

• 噪声小。轮齿啮合周速低，传递运动力量平衡，因此运转安静，且振动极小。

⑦ 同步带传动　同步带往往应用于较小的机器人的传动机构和一些大机器人的轴上，如图 2.80 所示。其功能大致和带传动相同，但具有连续驱动的能力。

a. 同步带传动工作原理　同步带类似于工厂的风扇皮带和其他传动皮带，所不同的是这种皮带上有许多型齿，它们和同样具有型齿的同步轮的轮齿相啮合。工作时，它们相当于柔软的齿轮，张紧力被惰轮或轴距的调整所控制，如图 2.81 所示。在伺服系统中，如果输出轴的位置采用码盘测量，则输入传动的同步皮带可以放在伺服环外面，这对系统的定位精度和重复性不会有影响，重复精度可以达 1mm 以内。

图 2.80　同步带传动在工业机器人中的应用

图 2.81　同步带传动

b. 同步带传动特点：

• 传动准确，工作时无滑动，具有恒定的传动比；

• 传动平稳，具有缓冲、减振能力，噪声低；

• 传动效率高，可达 0.98，节能效果明显；

• 维护保养方便，不需润滑，维护费用低；

• 速比范围大，一般可达 10 [多级皮带传动有时会被用来产生大的传动比（高达 100∶1）]，线速度可达 50m/s，具有较大的功率传递范围，可达几瓦到几百千瓦；

• 可用于长距离传动，中心距可达 10m 以上，但是长皮带的弹性和质量可能导致驱动不稳定，从而增加机器人的稳定时间。

2.2.3　工业机器人传感器

在工业机器人中，传感器赋予机器人触觉、视觉和位置觉等感觉，它是机器人获取信息的主要途径与手段。传感器的工作过程是利用对某一物理量（如压力、温度、光照度、声强）敏感的元件感受被测量，然后将该信号按一定规律转换成便于利用的电信号进行输出。工业机器人传感器与传统的工业检测传感器不同，它对传感器信息的种类和智能化处理要求更高。

(1) 工业机器人传感器分类

根据传感器采集信号的位置，传感器一般可分为内部传感器和外部传感器两类。

通过内部传感器，工业机器人可以感知自身的位置和状态变化，具体的检测对象有关节的线位移、角位移等几何量，速度、角速度、加速度等运动量，还有电机转矩等物理量。内部传感器常被用于控制系统中，是当今工业机器人反馈控制中不可缺少的元件。工业机器人通过检测自身的状态参数，调整和控制自己按照一定的位置、速度、加速度、压力和轨迹等进行工作。

通过外部传感器，工业机器人可以实时了解环境的变化，如焊缝的位置、物件的颜色，还可以了解外部物体状态或机器人与外部物体的关系，帮助机器人了解周边环境，通常跟目标识别、作业安全等因素有关。外部传感器信号一般被用于规划决策层。根据机器人是否与被测对象接触，外部传感器可分为接触传感器和非接触传感器。常用的外部传感器有力觉传感器、触觉传感器、接近觉传感器、视觉传感器等。一些特殊领域应用的工业机器人还可能需要具有温度、湿度、压力、滑动量、化学性质等方面感觉能力的传感器。

传统的工业机器人仅使用内部传感器，用于对机器人的运动、位置、姿态进行精确控制。使用外部传感器，使机器人对外部环境具有一定程度的适应能力，从而增强工业机器人的智能性。工业机器人传感器的类型、功能及应用如表 2.3 所示。

表 2.3　工业机器人传感器分类

类型	检测信息	应用	常用传感器
内部传感器	检测机器人自身状态,包括位置、角度、速度、加速度、姿态、方向等	控制机器人在规定的位置、轨迹、速度、加速度和受力状态下工作,用于机器人的精确控制	位置传感器、速度传感器、加速度传感器、力/力矩传感器、角速度传感器、编码器等
外部传感器	检测工业机器人外部的状况,例如作业环境中对象或障碍物状态以及机器人与环境的相互作用等信息,使机器人适应外界环境的变化	对被测量定向、定位;目标分类与识别;控制操作;抓取物体;检查产品质量;适应环境变化等,了解机器人在工件、环境或机器人在环境中的状态,实现灵活、有效地操作工件	视觉传感器、光学传感器、超声波传感器、触觉传感器、位置传感器、压觉传感器、接近觉传感器等

(2) 传感器主要性能指标

① 灵敏度　传感器的灵敏度 K 是指传感器达到稳定工作状态时,输出变化值与输入变化值之比,即单位输入变化量所引起的输出变化量,可用下式表示:

$$K = \frac{\Delta y}{\Delta x}$$

灵敏度反映了传感器对被测参数变化的灵敏程度,如图 2.82 所示,K 越大,传感器对被测参数变化响应越灵敏。

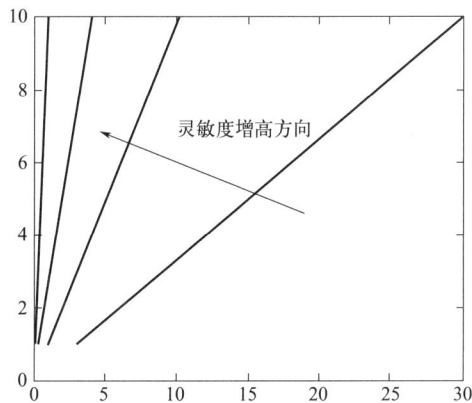

图 2.82　传感器灵敏度

② 线性度　线性度也称为非线性度、非线性误差,它反映了传感器的输入输出特性为线性的近似程度,用来表征实际特性曲线接近拟合曲线(理想直线)的程度,如图 2.83 所示。

线性度是衡量传感器精度的指标之一,线性度越小越好。线性度定义为实际特性曲线和拟合直线的最大偏距的绝对值与装置的满量程(F.S.)输出之比的百分数,即:

$$\eta = \frac{|(\Delta y_1)_{\max}|}{\text{F.S.}} \times 100\% = \frac{|(\Delta y_1)_{\max}|}{y_{\max} - y_{\min}} \times 100\%$$

③ 测量范围与量程　传感器的测量范围是指按传感器标定的精度可进行检测的被测量的变化范围,而测量范围的上限值 $y_{\max}$ 与下限值 $y_{\min}$ 之差就是传感器的量程 F.S.,即:

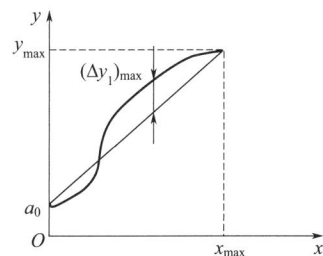

图 2.83　传感器线性度

$$\mathrm{F.S.} = y_{\max} - y_{\min}$$

如图 2.84 所示为超声波测距传感器，测量范围为 $2 \sim 450 \mathrm{cm}$。在实际测量中，若被测量超出测量范围，有的传感器就会损坏，而部分传感器允许一定程度的过载，但过载部分不计入测量范围。

④ 回程误差　同样的测试条件下，在全量程范围内输入量从小到大变化时的输出量与输入量从大到小时的输出量之间的最大差值 $h_{\max} = |y_1 - y_2|$ 满量程输出 F.S. 之比的百分数称为回程误差，也称为迟滞误差、滞后误差或变差，如图 2.85 所示。

图 2.84　超声波测距传感器

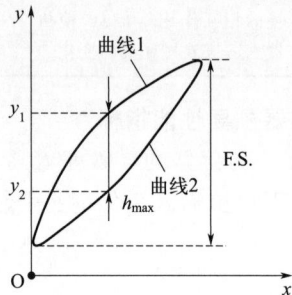

图 2.85　回程误差

回程误差主要是由装置内部磁性材料的磁滞现象、材料的受力变形等现象，以及死区所引起的，实际测量中传感器的回程误差越小越好。

⑤ 死区　在实际测量中，由于电路的偏置或机械传动中摩擦等原因，输入量的变化未能引起输出量可察觉的变化的有限区间称为死区，在死区范围灵敏度为零。死区的存在，可能导致被测参数的有限变化不易被检测到，通常传感器的死区范围越小越好。

除此之外，传感器还有其他一些静态特性性能指标，如阈值、分辨率、重复性、漂移等。为了使传感器的检测更为精确，所采用的传感器要有合适的测量范围和量程，足够高的准确度、灵敏度、分辨率和重复性，尽量小的线性度误差、回程误差、死区等。

（3）位置传感器

位置传感器主要用来检测工业机器人的空间位置、角度与位移距离等物理量。选择位置传感器时，要考虑工业机器人各关节和连杆的运动定位精度要求、重复精度要求，以及运动范围等。

① 电位器式位置传感器　电位器式传感器可用来测量位移、压力、加速度等物理量，常被用于测量机器人关节线位移和角位移，是位置反馈控制中必不可少的元件。它可将机械的直线位移或角位移转换为与其成一定函数关系的电阻或电压输出。

电位器式传感器的电阻元件通常有线绕电阻、薄膜电阻、导电塑料等，其中线绕电阻准确度较高，应用最广。如图 2.86 所示，电位器式传感器由触点机构和电阻器组成。当被测

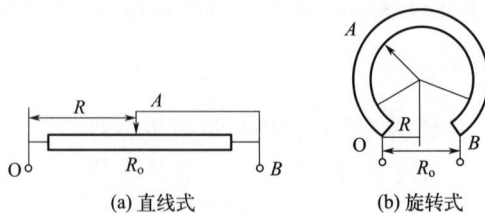

(a) 直线式　　　　　(b) 旋转式

图 2.86　电位器式传感器结构示意图

量通过电刷触点 A 在电阻元件上产生移动或转动时，该触点与电阻元件间的电阻值 R 就会发生变化，即可实现被测量与电阻之间的线性转换。触点机构的电刷和对于电位器的运动可以是直线运动，也可以是圆周运动。因此，利用电刷的运动，电位器式传感器可将直线位移、角位移等转换为与之成一定关系的电阻变化量，从而实现线位移或角位移的测量。

电位器式位置传感器成本低、结构简单、性能稳定，位移量与输出电压之间呈线性关系，断电不会丢失位置信息，但是分辨率不高，并且接触部分容易磨损，影响使用寿命。因此，电位器式位置传感器在工业机器人中的应用逐渐被光电编码器取代。

② 光电编码器　光电编码器在工业机器人中应用非常广泛，如图 2.87 所示，其分辨率完全能满足技术要求。光电编码器是一种通过光电转换将输出轴上的直线位移或角度变换转换成脉冲或数字量的传感器。

图 2.87　光电编码器

光电编码器主要由码盘、检测光栅和光电检测装置（LED 光源、光敏器件、信号转换电路）、机械部件组成，如图 2.88 所示。

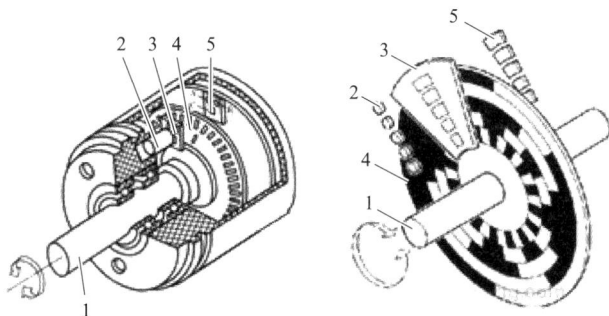

图 2.88　光电编码器结构
1—转轴；2—LED；3—检测光栅；4—检测光栅码盘；5—光敏元件

码盘上有透光区与不透光区。若光线照射到码盘的不透光区，则光敏元件不导通，输出为低电平；若光线透过码盘的透光区，则光敏元件导通，输出端为高电平。根据码盘上透光区与不透光区分布的不同，光电编码器又可分为相对式编码器和绝对式编码器。

a. 相对式编码器　相对式编码器又称为增量式编码器，是指随转轴旋转的码盘给出一系列脉冲，然后根据旋转方向用计数器对这些脉冲进行加减计数，以此来表示转过的角位移量，从而实现角位移和角速度的测量。

相对式编码器的结构及工作原理如图 2.89 所示。相对式编码器由主码盘、鉴向盘、

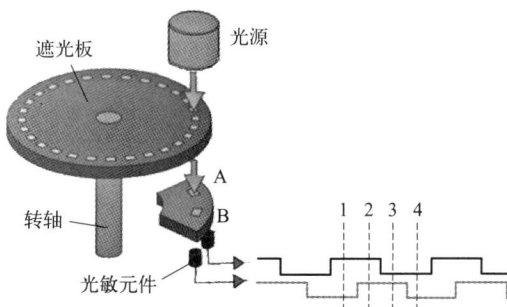

图 2.89　相对式编码器

光学系统和光电变换器组成，在圆形的主码盘（光电码盘）周边上刻有节距相等的辐射状窄缝，形成均匀分布的透明区和不透明区。鉴向盘与主码盘平行并刻有 A、B 两组透明检测窄缝，它们彼此错开 1/4 节距，以使 A、B 两个光电变换器的输出信号在相位上相差 90°。工作时，鉴向盘不动，主码盘随转子旋转，光源经透镜平行射向主码盘，通过主码盘和鉴向盘后的光敏二极管接收相位差 90° 的近似正弦信号，再由逻辑电路形成转向信号和计数脉冲信号。利用相对式编码器可以检测工业机器人电动机的角速度。

b. 绝对式编码器　绝对式光电编码器的码盘是目前应用较多的一种，它是在透明材料的圆盘上精确地印制上二进制编码。图 2.90(a) 为 4 位格雷码盘，码上各圈圆环分别代表 1 位二进制的数字码道，在同一个码道上印制黑白等间隔图案，形成一套编码。黑色不透光区和白色透光区分别代表二进制的 "0" 和 "1"。在一个 4 位光电码盘上，有 4 圈数字码道，每一圈码道表示二进制的 1 位，里侧是高位，外侧是低位，在 360° 范围内可编数码为 16 种。

工作时，码盘的一侧放置电源，另一边放置光电接收装置，每圈码道都对应有一个光电管及放大、整形电路。码盘转到不同位置，光电元器件接收光信号，并转成相应的电信号经放大整形后，成为相应数码的电信号。在实际码盘的旋转过程中，为了消除非单值性误差，通常采用循环码盘或带判位光电装置的二进制循环码盘，如图 2.90(b) 所示。

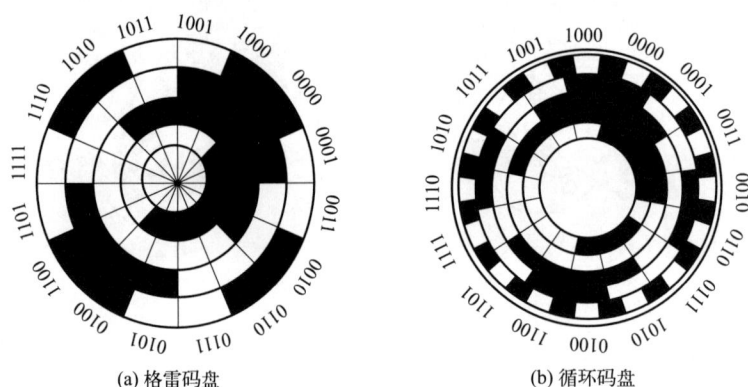

(a) 格雷码盘　　　　　　　　　　(b) 循环码盘

图 2.90　4 位二进制格雷码盘循环码盘

(4) 接近觉传感器

接近觉传感器用来感知附近是否有物体，从而进行决策使手臂减速慢慢接近物体。接近觉传感器通常能够使机器人感觉到距离几毫米到十几厘米远的对象物或障碍物，能检测出物体的距离、相对角等。常用的接近觉传感器有电容式、电感式、光电式、超声波式和激光式等类型。

① 电容式传感器　电容式传感器可以将某些物理量的变化转换为电容量的变化，它的转换元件实际上就是一个具有可变参数的电容器。由于电容式传感器结构简单、工作适应性强、可进行非接触式测量，且动态性能良好，因此被广泛用于位移、振动、角位移、加速度等机械量以及压力、差压、物位等生产过程参数的测量。

电容式传感器实际上各种类型的可变电容器，它可将被测量的改变转换为电容量的变化后，通过测量线路将电容的变化量再转换为电压、电流、频率等电信号。最简单的电容器用两块金属平板作电极即可构成。若忽略此电容器的边缘效应时，则其电容量 C 为：

$$C = \frac{\varepsilon S}{d} = \frac{\varepsilon_0 \varepsilon_r S}{d}$$

式中，S 为两极板间相互覆盖的面积；d 为两极板间的距离；ε 为两极板间介质的介电常数；ε_0 为真空介电常数，$\varepsilon_0 = 8.85 \times 10^{-12} F/m$；$\varepsilon_r = \varepsilon/\varepsilon_0$ 为两极板间介质的相对介电常数。当动极板受被测物体作用引起位移时，改变了两极板之间的距离 d，从而使电容量发生变化。常见的电容器结构有基本结构和差动结构两种，如图 2.91 所示。

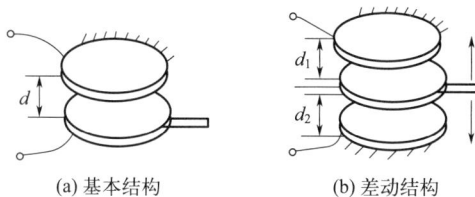

(a) 基本结构　　　　(b) 差动结构

图 2.91　电容结构

② 电感式传感器　工业机器人接近觉传感器常用的电感式传感器类型是电涡流传感器，如图 2.92 所示。常在生产线系统中检测待加工工件是否为金属材料，它结构简单、灵敏度高、频响范围宽、抗干扰能力强、不受油污等介质影响，可实现多种物理量的测量，利用涡流效应实现非接触测量。

图 2.92　电感式（电涡流）传感器

电涡流效应是指若将金属导体置于变化着的磁场中或金属导体在磁场中运动时，在金属导体内部就会产生感应电流，该涡流又会反作用于产生它的磁场的物理效应。如图 2.93 所示为一通以交变电流 i_0 的线圈，由于电流的存在，线圈周围就产生一个交变磁场 H。若被测导体置于该磁场范围内，导体内便产生电涡流 i，电涡流的存在也将产生一个与磁场 H 反方向的新磁场，力图削弱原磁场 H，从而导致线圈的电感量、阻抗和品质因数发生变化。这些参数变化与导体的几何形状、电导率（ρ）、磁导率（μ）、线圈的几何参数（t）、电流的频率以及线圈到被测导体间的距离有关，因此可用于金属物体的检测。

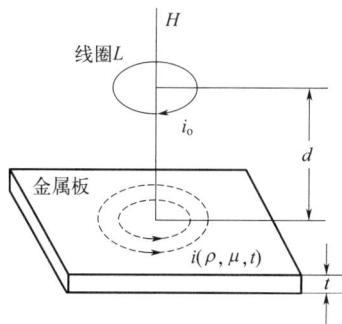

图 2.93　电涡流效应

③ 光电式传感器　光电开关是目前工业机器人领域常见的光电式传感器，通过被测物体对光信号的影响从而进行电信号的输出，以便进行后续的决策。

光电开关即光电接近开关，利用被测物对光束的遮挡或反射，把光强度的变化转换成电信号的变化，如图 2.94 所示，一般可以用来检测物体的有无。物体不限于金属，所有能反射光线（或对光线有遮挡作用）的物体均可以被检测。光电开关将输入电流在发射器上转换为光信号射出，接收器再根据接收到的光线的强弱或有无对目标物体进行探测。

光电开关已被用于物位检测、液位控制、产品计数宽度判别、速度检测、定长剪切、孔洞识别、信号延时、自动门传感、色标检出以及安全防护等诸多领域。此外，利用红外线的隐蔽性，光电开关还可在银行、仓库、商店、办公室以及其他场合做防盗警戒之用。常用的红外线光电开关利用物体对近红外线光束的反射原理，由同步回路感应反射回来的光的强弱来检测物体是否存在，光电开关首先发出红外线光束，物体或镜面对红外线光束进行反射，光电开关接收反射回来的光束，根据光束的强弱判断物体是否存在。红外光电开关的种类非常多，常用光电开关包括漫反射式、对射式等类型。

一般情况下，光电开关由三部分构成：发射器、接收器和检测电路，如图 2.95 所示。发射器一般由发光二极管、激光二极管等组成，用于对准目标发射光束；接收器一般由光电二极管或光电三极管组成，前端有透镜和光圈等光学元件。在接收器的后面通常设有检测电路，能检测出有效光信号，并转换为电信号进行输出。

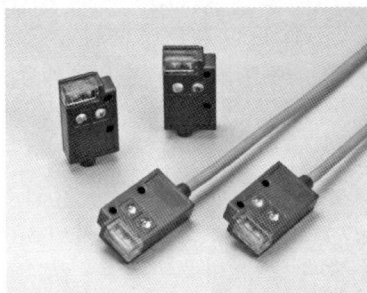

图 2.94　光电开关

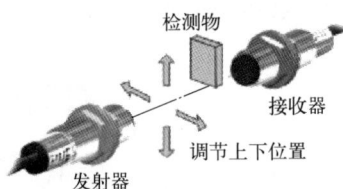

图 2.95　光电开关工作原理

a. 对射式光电开关　对射式光电开关由发射器和接收器组成，结构上两者相互分离，在光束被中断的情况下会产生一个变化的开关控制信号。如槽形光电开关，通常是标准的U 字形结构，其发射器和接收器分别位于 U 形槽的两边，并形成一光轴，在无阻情况下接收器能收到光，当被检测物体经过 U 形槽且阻断光轴时，光电开关就输出一个开关控制信号，如图 2.96 所示，从而切断或接通负载电流，完成一次控制动作。对射式光电开关在工业机器人中常被用作机械臂的限位开关。

b. 漫反射式光电开关　漫反射式光电开关是当开关发射光束时，目标产生漫反射，发射器和接收器构成单个的标准部件，当有足够的组合光返回接收器时，开关状态发生变化，作用距离的典型值一般达 3m。在工作时，发射器始终发射检测光，若接近开关前方一定距离内没有物体，则没有光被反射到接收器，光电开关处于常态而不动作；反之，若接近开关前方一定距离内出现物体，就产生漫反射，只要反射回来的光强度足够，则接收器接收到足够的漫反射光就会使漫反射式光电开关动作而改变输出的状态，其动作过程如图 2.97 所示。

④ 超声波传感器　超声波技术是一门以物理、电子、机械及材料学为基础，利用不同介质的不同声学特性对超声波传播产生影响，在各行业都使用的通用技术之一，超声波技术的应用如图 2.98 所示。超声波在液体、固体中的衰减很小，穿透力强，特别是对不透光的固体，超声波能穿透几十米的厚度。当超声波从一种介质入射到另一种介质时，由于在两种介质中的传播速度不同，在介质表面上会产生反射、折射和波形转换等现象。

图 2.96　对射式光电开关

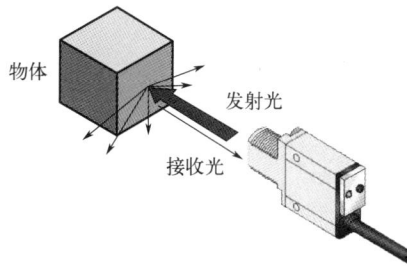

图 2.97　漫反射式光电开关

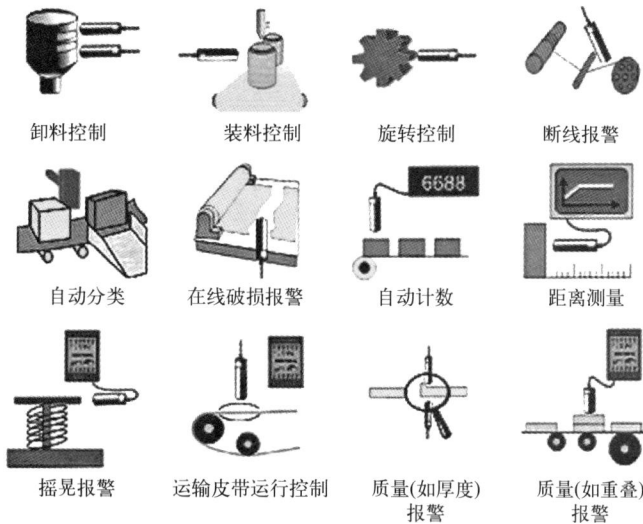

卸料控制　　　装料控制　　　旋转控制　　　断线报警

自动分类　　　在线破损报警　　自动计数　　　距离测量

摇晃报警　　运输皮带运行控制　质量(如厚度)　质量(如重叠)
　　　　　　　　　　　　　　　报警　　　　　报警

图 2.98　超声波传感器的应用

　　超声波传感器是一个电子模块，测量距离在 3cm 到 400cm 之间。超声波传感器是移动机器人避障、测距常用传感器之一。它用于帮助机器人避开障碍物，或用于其他相关项目的距离测量和避障工程。超声波传感器检测距离的原理是发出超声波并在发射时开始计时，超声波在空中传播，在遇到障碍物时立即返回，超声波接收器接收到反射波时立即停止计时，检测过程如图 2.99 所示。

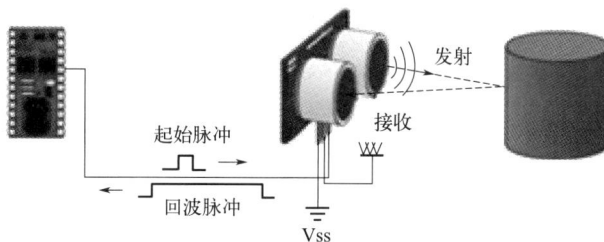

图 2.99　超声波传感器检测过程

　　超声波可以在液体、气体及固体中传播，在工业上可用于超声波无损探伤、厚度测量、流速测量及超声成像等。

　　⑤ 激光测距传感器　激光测距传感器由激光二极管对准目标发射激光脉冲，如

图 2.100 激光测距传感器

图 2.100 所示。经目标反射后激光向各方向散射。部分散射光返回到传感器接收器被光学系统接收后成像到雪崩光电二极管上。雪崩光电二极管是一种内部具有放大功能的光学传感器，因此它能检测极其微弱的光信号。记录并处理从光脉冲发出到返回被接收所经历的时间，即可测定目标距离。

激光测距传感器是一种从自身位置获取其周围世界三维结构的设备。通常它测量的是距物体最近表面的深度。测量内容可以是一个穿过扫描平面的单个点，也可以是一幅在每个像素都具有深度信息的图像。测量的距离信息可以使机器人合理地确定出相对该距离的实际环境，从而允许机器人能更有效地寻找导航，避开障碍物，抓取物体，以及在工业零件上操作。

(5) 触觉传感器

工业上最常用的触觉传感器根据其工作原理的不同可分为电容式、压阻式、光电式、机械式、半导体式、电磁感应式等。通常，触觉传感器由传感元件阵列组成，每个传感元件都被看作一个触元，全部信息被称作触觉图像。触觉传感器用于测量面上的应力分布，其结构与触觉图像举例，如图 2.101 所示。

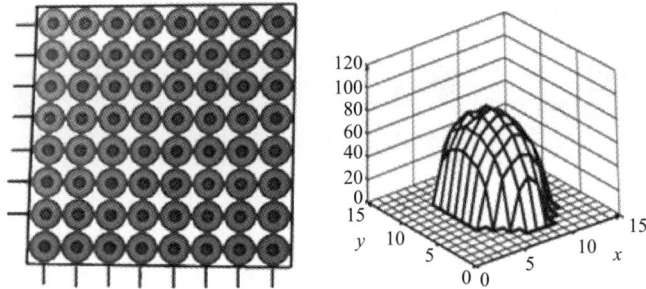

图 2.101 触觉传感器与触觉图像

一般来说，通过触觉传感器能获得力、简单的几何信息、物体的主要几何特性、机械特性以及物体的滑动状态等信息。接触是否发生是这类传感器能获得的最简单的信息，而每个传感元件都可给出局部所加的力的相关信息，可以以多种方式被用于高精度的连续计算；接触区域的位置、接触面的几何形状，如平面、圆面等信息，也是触觉传感器能获取到的信息之一；通过传感器给出的适当精度与物体三维形状相关的数据可推断出物体的形状，如球体或圆柱体；在检测的过程中，同时也能获得物体的温度特性、刚度、摩擦系数以及物体与传感器的有关运行等信息。

① 接触觉传感器 接触觉传感器的最大特点在于可以进行操作过程中的精细作业，可以探测触觉信息，如硬度、热传导性、摩擦力与粗糙度等，有助于识别物体。接触觉传感器在工作时，在电极和柔性导体之间留有间隙，当施加外力时，受压部分的柔性导体和柔性绝缘体发生变形，利用柔性导体和电极之间的接通状态形成接触觉，常用的接触觉传感器电极结构如图 2.102 所示。

接触觉传感器对于机器人的操作、探测、响应三种行为如图 2.103 所示。操作时，进

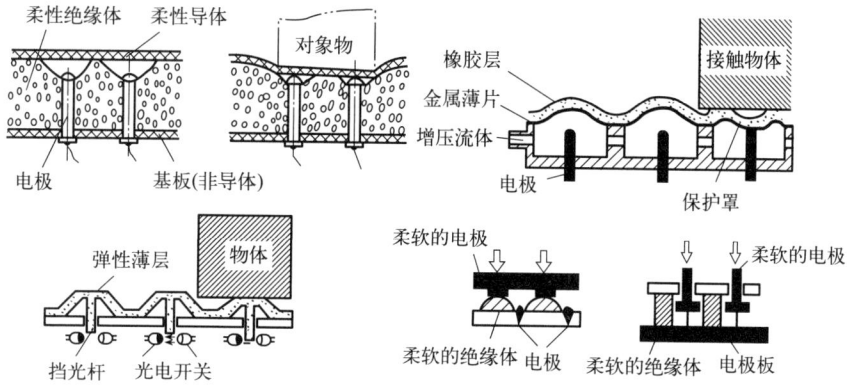

图 2.102　常见接触觉传感器电极结构

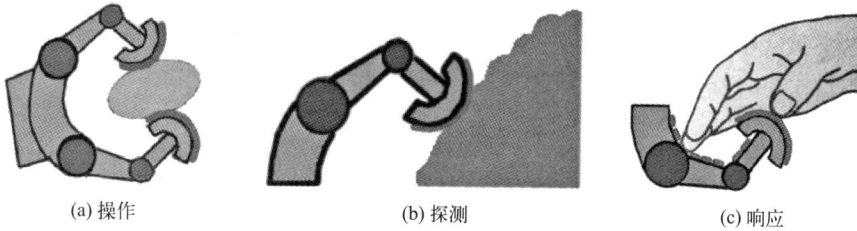

(a) 操作　　　　　　　　(b) 探测　　　　　　　　(c) 响应

图 2.103　接触觉传感器的作用

行抓取力的控制和稳定性评价；通过探测物体的表面纹理、硬度、热特性等获取接触面的局部特性；对检测结果和外部作用做出相应的响应。

② 压觉传感器　压觉传感器又称压力觉传感器，是安装于机器人手指上、用于感知被接触物体压力值大小的传感器。压觉传感器常有压阻式压感阵列、电容式压感阵列、微机电压感阵列。

a. 压阻式压感阵列　压觉传感器大多采用压阻油墨或批量模塑的导电橡胶，通过改变导电橡胶或压阻油墨的渗入可控制输出电阻的大小。如渗入石墨可加大电阻，渗碳、渗镍可减小电阻。通过合理选材和加工可制成高密度分布式压觉传感器。这种传感器可以测量细微的压力分布及其变化，故有"人工皮肤"之称。压阻式压感阵列结构及电路图如图 2.104 所示。

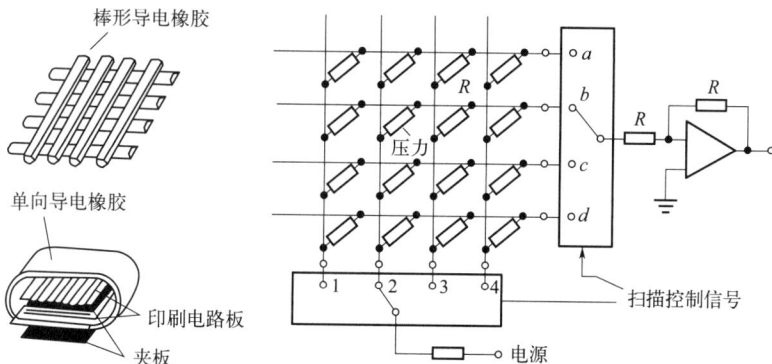

图 2.104　压阻式压感阵列

b. 电容式压感阵列　电容式压感阵列是最早且最普遍的触觉传感器类型之一。嵌入机器人指尖的电容式触觉压力阵列如图 2.105 所示，适用于机器人的灵巧操作。

图 2.105　嵌入机器人指尖的压感阵列

c. 微机电压感阵列　微机电（MEMS）技术对于制造高集成度封装的触觉感测非常有吸引力。目前市场上出现的弹性橡胶皮肤中嵌入一种结构类似操作杆的微型 MEMS 硅基负载元件，这些 MEMS 硅基负载元件可以分布在皮肤表面下从而检测弹性皮肤中复杂的应力状态。

（6）力觉传感器

力觉传感器（force sensor）是用来检测机器人的手臂和手腕所产生的力或其所受反力的传感器。手臂部分和手腕部分的力觉传感器，可用于控制机器人手所产生的力，在费力的工作中以及限制性作业、协调作业等方面是有效的，特别是在镶嵌类的装配工作中，它是一种特别重要的传感器。

驱动力传感器经常装于机器人关节处，通过检测弹性体变形来间接测量所受力。装于机器人关节处的力觉传感器常以固定的三坐标形式出现，有利于满足控制系统的要求。目前出现的六维力觉传感器可实现全力信息的测量，因其主要安装于腕关节处被称为腕力觉传感器。腕力觉传感器大部分采用应变电测原理，按其弹性体结构形式可分为两种，筒式和十字形腕力觉传感器。其中，筒式具有结构简单、弹性梁利用率高、灵敏度高的特点；而十字形的传感器结构简单、坐标建立容易，但加工精度高。图 2.106 所示为三种典型的驱动力传感器结构。

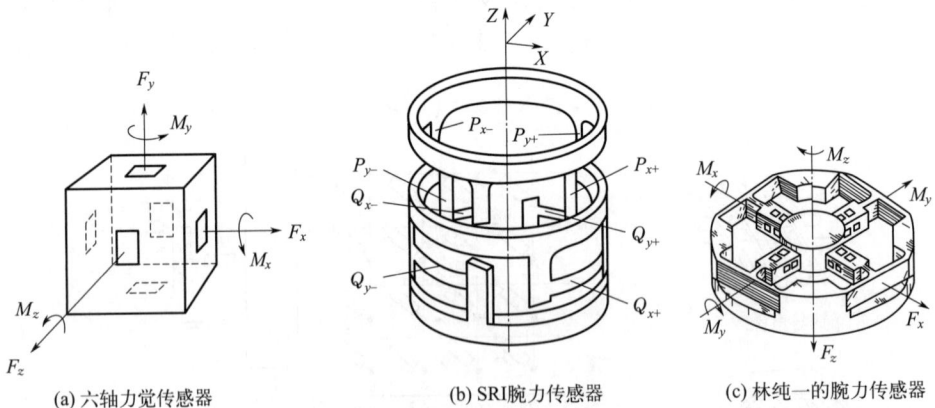

(a) 六轴力觉传感器　　　(b) SRI腕力传感器　　　(c) 林纯一的腕力传感器

图 2.106　典型的驱动力传感器结构

在工业机器人的驱动装置——伺服电机中，通过测量电机电流即可进行驱动力的测量，即用一个检测电阻和电机串联后通过电阻值的改变来测量检测电阻两端的电压降，但是，电机通常通过减速器与机器人手臂连接，减速器的输出/输入效率为 60％或更低，所以测量减速器输出端的转矩更为准确，一般采用转矩负载单元（应变片）来进行。图 2.107 为带有驱动力传感器的力控制机器人。

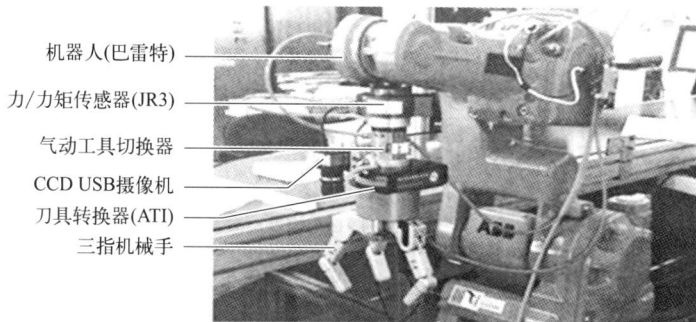

图 2.107　带有驱动力传感器的力控制机器人

当驱动力传感器装载在末端执行器和工业机器人最后一个关节之间时，即为腕力传感器，它能直接测出作用在末端执行器上各个方向的力和力矩。当驱动力传感器不能测出工具附件所施加或施加于工具附件上的力时，通常可采用单独的力觉传感器，也可采用装载在不同末端执行器上的灵活阵列传感器。末端执行器处的受力和转矩可以采用压电单元进行估计。通过谨慎地布置力觉传感器，可同时测量受力和转矩。驱动力传感器用于在机器人操作中估计应力和接触，成为装配系统的一部分，从而为工业机器人的决策提供依据。

（7）视觉传感器

机器人视觉技术作为相对新兴的技术，在工业和制造业中不仅提高了产品的质量和安全，而且也提高了生产的效率和操作的安全性，在检测缺陷和防止缺陷产品输出等方面具有不可估量的价值。视觉传感器可以对位置、物体形状、尺寸及缺陷进行检测和图像识别。

典型的视觉传感器由照明光源、摄像器件、转换器、图像存储器组成，如图 2.108 所示，分别完成照明被测物体、接收光学信号、转换为相应电信号、将图像二维信号转换为时间序列一维信号等功能。

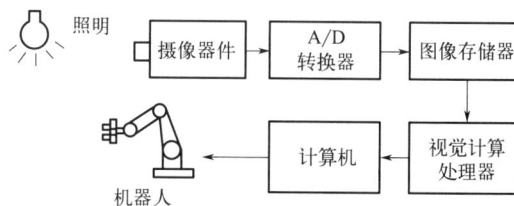

图 2.108　视觉传感器的组成

机器人视觉系统一般需要处理三维图像，不仅需要了解物体的大小、形状，还要知道物体之间的关系。因此视觉系统的硬件组成中还包括距离测定器，如图 2.109 所示。

在自动化系统中，机器视觉是一个必不可少的元素。视觉传感器不同于简单的传感器在评估产品、定位缺陷、收集信息、用于指导业务运营和优化机器人及其他设备的生产率方面，它能提供更多的信息，机器视觉技术在智能生产线中的应用如图 2.110 所示。

随着数据分析能力的提高，在工业 4.0 工厂环境下，通过视觉设备收集的大量数据可

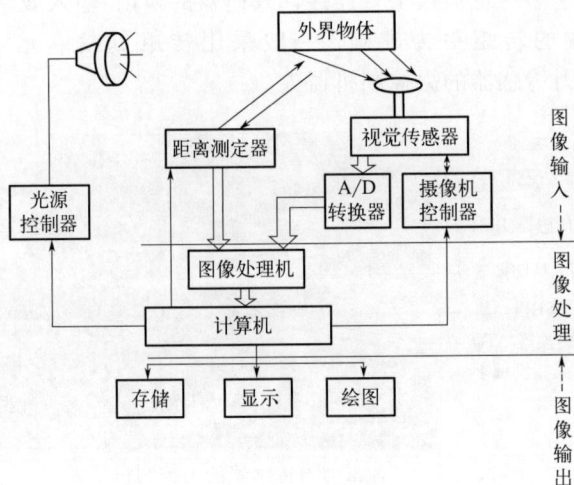

图 2.109 机器人视觉系统组成

图 2.110 机器视觉在工业机器人中的应用

用于识别和标记缺陷产品，了解缺陷细节，从而在生产过程中可以进行快速有效的干预。在智能化工厂中可以采用机器视觉技术进行产品的检测或代码的提取等。

2.2.4 工业机器人控制系统

控制系统是工业机器人的主要组成部分，它的机能类似于人脑，工业机器人要与外围设备协调动作，共同完成作业任务，就必须具备一个功能完善、灵敏可靠的控制系统。工业机器人的控制系统可分为两大部分，一部分是对其自身运动的控制，另一部分是工业机器人与周边设备的协调控制。

（1）控制系统组成与结构

工业机器人控制系统在组成和功能上与机床数控系统无本质的区别，系统同样需要有控制器、伺服驱动器、操作单元、辅助控制电路等基本控制部件，如图 2.111 所示。

① 控制器 工业机器人控制器简称 IR 控制器，它是控制坐标轴位置和轨迹、输出插补脉冲，以及进行 DI/DO 信号逻辑运算处理、通信处理的装置，其功能与 CNC（数控装置）相同。IR 控制器可由工业 PC 机、接口板及相关软件构成；也可像 PLC 一样，由

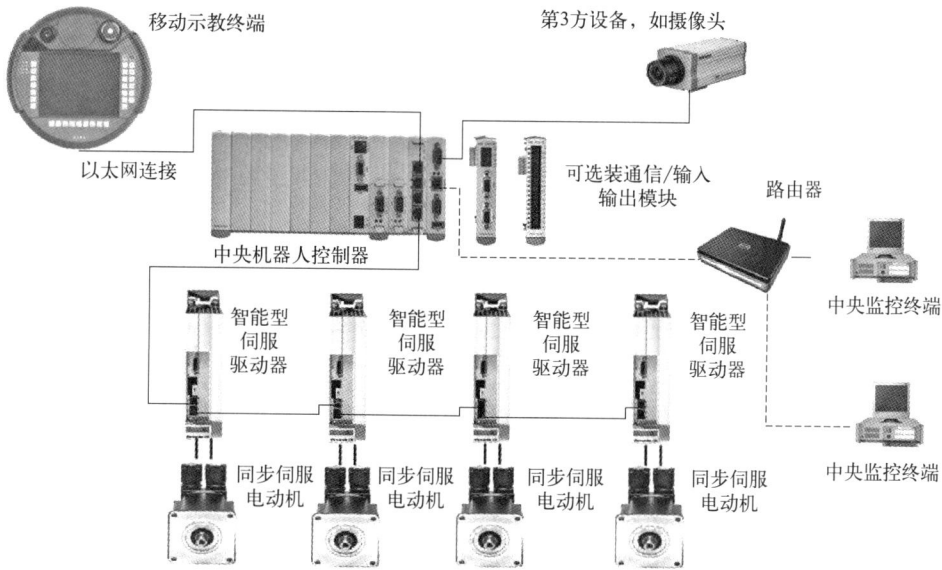

图 2.111　工业机器人系统组成

CPU 模块、轴控模块、测量模块等构成。

　　② 操作单元　操作单元是用于工业机器人操作、编程及数据输入/显示的人机界面，操作单元的主要功能是通过现场示教，生成机器人作业程序，故又称示教器。为了便于示教操作，操作单元方式是以可移动手持式为主。

　　③ 伺服驱动器　伺服驱动器用于插补脉冲的功率放大，它具有闭环位置、速度和转矩控制的功能。工业机器人的驱动器以交流伺服驱动器为主，早期的直流伺服驱动、步进电机驱动现已很少使用。

　　④ 辅助控制电路　辅助电路主要用于控制器、驱动器电源的通断控制和接口信号转换。由于工业机器人有控制要求，为了缩小体积、方便安装，辅助控制电路的器件常被统一安装在相应的控制模块或单元上。

　　（2）控制系统主要功能

　　工业机器人控制系统的主要任务是控制工业机器人在工作空间中的运动位置、姿态和轨迹、操作顺序及动作时间等项目，其中有些项目的控制非常复杂。工业机器人控制系统主要包括示教再现控制和运动控制。

　　① 示教再现控制功能　示教再现控制是指控制系统可以通过示教盒或手把手进行示教，将动作顺序、运动速度、位置等信息用一定的方式预先教给工业机器人，由工业机器人的记忆装置将所教的操作过程自动记录在存储器中，当需要再现操作时，重放存储器中存储的内容即可，如需更改操作内容，只需重新示教一遍。

　　完成示教再现的主要步骤包括位置及轨迹示教、程序存储和动作再现，示教的主要方式包括人工引导示教盒、示教器示教。

　　② 运动控制功能　工业机器人的运动控制是指工业机器人的末端执行器从一点移动到另一点的过程中，对其位置、速度和加速度的控制。由于工业机器人末端执行器的位置和姿态是由各关节的运动引起的，因此，对其运动控制实际上是通过控制关节运动实现的。

　　工业机器人的关节运动控制一般可分为两步进行：第一步是关节运动伺服指令的生

成，即将末端执行器在工作空间的位置和姿态的运动转化为由关节变量表示的时间序列或表示为关节变量随时间变化的函数，一般可离线完成；第二步是关节运动的伺服控制，即跟踪执行第一步所生成的关节变量伺服指令，这一步是在线完成的。

(3) 控制方式

工业机器人的控制方式多种多样，根据作业任务的不同，主要分为点位（PTP）控制方式、连续轨迹（CP）控制方式和力（力矩）控制方式。

① 点位控制方式　点位（point to point，PTP）控制方式的特点是只控制工业机器人末端执行器在作业空间中某些规定的离散点上的位姿，如图 2.112(a) 所示。控制时只要求工业机器人快速、准确地实现相邻各点之间的运动，而对达到目标点的运动轨迹则不做任何规定。这种控制方式的主要技术指标是定位精度和运动所需的时间。由于其控制方式易于实现、定位精度要求不高，因而常被应用在上下料、搬运、点焊和在电路板上安插元件等只要求目标点处保持末端执行器位姿准确的作业中。一般来说，点位控制方式比较简单，但要达到 $2 \sim 3\mu m$ 的定位精度是相当困难的。

PTP 运动控制系统包括五个部分：最终机械执行机构、机械传动机构、动力部件、控制器、位置测量器。其中，机械执行机构包括焊接机器人的机械手、数控加工机床的工作台等；机械传动机构包括各种类型的减速器、丝杠螺母副；动力部件包括各种交直流电机、步进电动机、压电陶瓷、磁致伸缩材料等；控制器一般采用全数字控制式交直流伺服系统。

② 连续轨迹控制　连续轨迹（continuous path，CP）控制方式的特点是连续地控制工业机器人末端执行器在作业空间中的位姿，要求其严格按照预定的轨迹和速度在一定的精度范围内运动，而且速度可控、轨迹光滑、运动平稳，以完成作业任务，如图 2.112 (b) 所示。工业机器人各关节连续、同步地进行相应的运动，其末端执行器即可形成连续的轨迹。这种控制方式的主要技术指标是工业机器人末端执行器位姿的轨迹跟踪精度及平稳性。通常弧焊、喷漆、去毛边和检测作业机器人都采用这种控制方式。

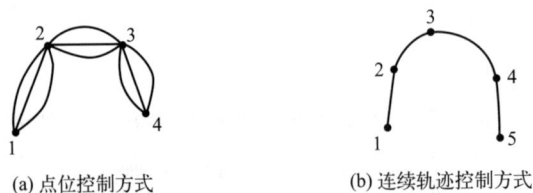

(a) 点位控制方式　　　　(b) 连续轨迹控制方式

图 2.112　工业机器人的运动控制方式

实际上，工业机器人连续轨迹控制的实现是以点位控制为基础，通过在相邻两点之间采用满足精度要求的直线或圆弧轨迹差补运算即可实现轨迹的连续化，如图 2.113 所示。

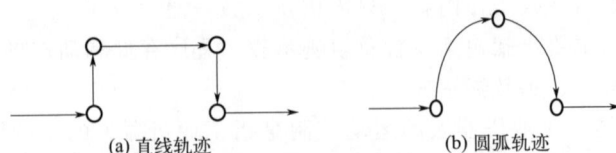

(a) 直线轨迹　　　　　　(b) 圆弧轨迹

图 2.113　直线和圆弧轨迹插补运算

直线插补是机器人从当前示教点到下一个示教点运行一段直线，常被用于直线焊缝的焊接作业示教；圆弧插补是机器人沿着用圆弧插补示教的三个示教点执行圆弧轨迹移动，在焊接机器人中，圆弧插补常被用于环形焊缝的焊接作业示教。

③ 力（力矩）控制方式　在工业机器人完成装配、抓放物体等工作时，除需要准确定位之外，还要求具有适度的力或力矩，这时就需要采用力（力矩）控制方式。这种控制方式的控制原理与位置伺服控制原理基本相同，只不过输入量和反馈量不是位置信号，而是力（力矩）信号，因此系统中必须有力（力矩）传感器。有时也利用接近觉、滑动等传感器进行自适应式控制。

（4）工业机器人控制系统特点

工业机器人的结构多为空中开链机构，其各个关节的运动是独立的，为了实现末端点的运动轨迹，需要多关节的运动协调。因此，工业机器人的控制系统与普通的控制系统相比要复杂得多，具体如下：

① 工业机器人的控制与机构运动学及动力学密切相关。工业机器人手足的状态可以在各种坐标中进行描述，可根据需要选择不同的参考坐标系，并进行适当的坐标变换；经常要求正向运动学和反向运动学的解，此外还要考虑惯性、外力（包括重力）、科氏力及向心力的影响。

② 一个简单的工业机器人至少要有 3～5 个自由度，比较复杂的工业机器人有十几甚至几十个自由度。每个自由度一般包含一个伺服机构，它们必须协调起来，组成一个多量控制系统。

③ 把多个独立的伺服系统有机地协调起来，使其按照人的意志行动，甚至赋予工业机器人一定的智能，这个任务只能由计算机来完成，因此工业机器人控制系统必须是一个计算机控制系统。同时，计算机软件担负着艰巨的任务。

④ 描述工业机器人状态和运动的数学模型是一个非线性模型，随着状态的不同和外力的变化，其参数也在变化，各变量之间还存在耦合。因此，工业机器人控制系统仅仅利用位置团环是不够的，还要利用速度甚至加速度闭环。系统中经常使用重力补偿、前馈、解耦或自适应控制等方法。

⑤ 工业机器人的动作往往可以通过不同的方式和路径来完成，因此存在一个最优的问题。较高级的工业机器人可以用人工智能的方法，用计算机建立起庞大的信息库，借助信息库进行控制、决策、管理和操作。根据传感器和模式识别的方法获得对象及环境的工况，按照给定的指标要求，自动地选择最佳的控制规律。

总而言之，工业机器人控制系统是一个与运动学和动力学原理密切相关的、有耦合的非线性的多变量控制系统。由于它的特殊性，经典控制理论和现代控制理论都不能照搬使用。目前为止，工业机器人控制理论还不完整、不系统。相信随着工业机器人技术的发展，工业机器人控制理论必将日趋成熟。

2.2.5　工业机器人的自由度、轴和坐标系

（1）自由度

物体上任何一点都与坐标轴的正交集合有关。物体能够相对坐标系进行独立运动的数目称为自由度（degree of freedom，DOF）。空间中的一个点只有 3 个自由度，它只能沿 3 条参考坐标轴移动；但在空间的一个刚体有 6 个自由度，也就是说它不仅可以沿着 X、Y、Z 3 个轴移动，还可以绕着这 3 个轴转动。

物体在空间所能进行的运动如图 2.114 所示，包括沿着坐标轴 OX、OY 和 OZ 的 3 个平移运动 T_1、T_2 和 T_3；绕着坐标轴 OX、OY 和 OZ 的 3 个旋转运动 R_1、R_2 和 R_3。

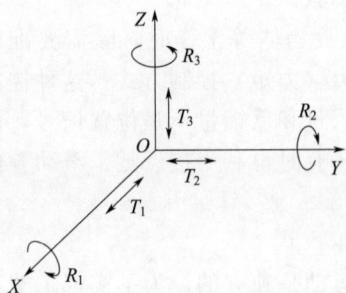

图 2.114　空间中物体自由度的定义

一个刚体在三维空间内有 6 个自由度，所以工业机器人的机械手在三维空间内自由运动时至少需要 6 个自由度。

整个机器人所能够产生的独立运动轴的数目，包括直线、回转、摆动运动，但是不包括末端执行器本身的运动。工业机器人的自由度是根据其用途而设计的，可能小于 6 个自由度，也可能大于 6 个自由度。如果机器人的自由度超过 6 个，多余的自由度称为冗余自由度（redundant degree of freedom）。利用冗余自由度可以增加机器人的灵活性，躲避障碍物和改善动力性能。在三维空间作业的多自由度机器人，第 1～3 轴驱动的 3 个自由度，通常用于手腕基准点的空间定位；第 4～6 轴则用来改变末端执行器姿态。但在机器人实际工作时，定位和定向动作往往是同时进行的，因此需要多轴同时运动。机器人的自由度与作业要求相关，自由度越多，执行器的动作就越灵活，适应性也就越强，其结构和控制也就越复杂。对于作业要求不变的批量作业机器人来说，运行速度、可靠性是其最重要的技术指标，自由度则可在满足作业要求的前提下适当减少；而对于多品种、小批量作业的机器人来说，通用性、灵活性指标显得更加重要，这种机器人就需要有较多的自由度。

（2）运动轴

机器人运动轴按其功能可划分为机器人轴、基座轴和工装轴。

① 机器人轴指操作本体的轴，属于机器人本身，目前实际生产中使用的工业机器人以 6 轴为主，如图 2.115 所示。

② 基座轴是机器人移动轴的总称，主要指行走轴（移动滑台或导轨）。

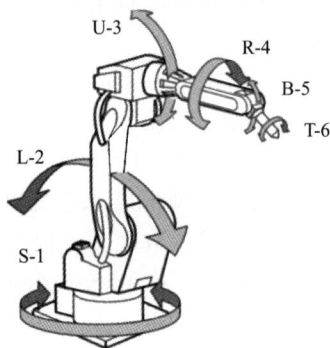

图 2.115　机器人轴

③ 工装轴是除机器人轴、基座轴以外轴的总称，指使工件、工装夹具翻转和回转的轴，如回转台、翻转台等。

（3）机器人运动坐标系

工业机器人运动控制采用笛卡儿坐标系，在二维笛卡儿坐标系的基础上根据右手定则增加第三维坐标（即 Z 轴）形成三维笛卡儿坐标系，可用右手判定法则判定 X、Y、Z 轴正、负方向以及绕着 X、Y、Z 轴旋转的正、负方向，如图 2.116 所示。

指定机器人空间定位位置的点称为机器人控制点，又称工具中心点（tool central

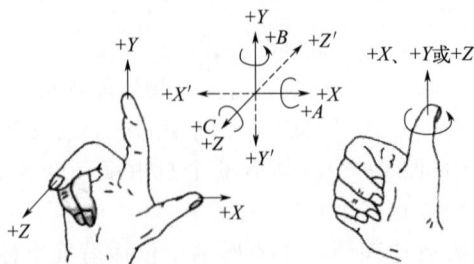

图 2.116　笛卡儿坐标系右手判定法则

point，TCP)。控制点的空间位置与定位时的运动方向，需要用坐标系的形式规定。多关节机器人的运动复杂，控制系统可以根据需要选择合适的坐标系来规定控制点的空间位置及运动方向。工业机器人运动控制常用的坐标系有基坐标系、世界坐标系、工件坐标系、用户坐标系、工具坐标系等。

① 基坐标系　基坐标系位于机器人基座，它是最便于机器人从一个位置移动到另一个位置的坐标系，如图 2.117 所示。基坐标的零点一般位于机器人基座中心，从而使固定安装的机器人的移动具有可预测性。

② 世界坐标系　又称大地坐标系，世界坐标系是系统的绝对坐标系，在没有建立用户坐标系之前，机器人上所有点的坐标都是以该坐标系的原点来确定各自的位置的，如图 2.118 所示。世界坐标系有助于处理若干机器人或由外轴移动的机器人的运动控制，在默认情况下，世界坐标系与基坐标系是一致的。

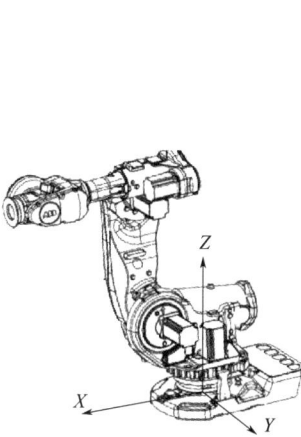

图 2.117　基坐标系

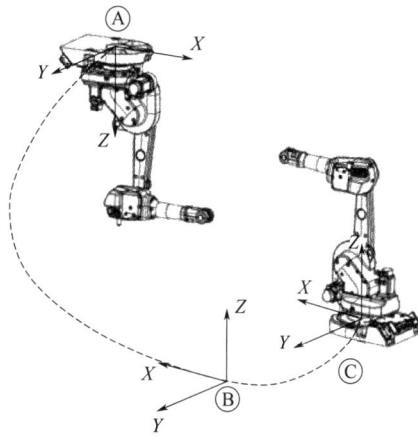

图 2.118　世界坐标系
A—机器人 1 的基坐标系；B—世界
坐标系；C—机器人 2 的基坐标系；

③ 工件坐标系　如图 2.119 所示，工件坐标系是以工件为基准来指定控制点位置的虚拟笛卡儿坐标系，用于位置寄存器的示教和执行、位置补偿指令的执行等，可简化编程。

④ 用户坐标系　如图 2.120 所示，用户坐标系是用户对每个作业空间进行自定义的直角坐标系，它用于位置寄存器的示教和执行、位置补偿指令的执行等。部分工业机器人在应用时对工件坐标系和用户坐标系不进行区分，在没有定义的时候，将由大地坐标系来替代该坐标系。

⑤ 工具坐标系　如图 2.121 所示，工具坐标系是以工具为基准指定控制点位置的虚拟笛卡儿坐标系。工具坐标系是固定在工具（法兰、装在法兰上的工具）上的坐标系，用来定义 TCP 的位置和工具的姿态。机械手在出厂时都有一个默认的工具坐标系 Tool 0，位置在法兰中心。但机械手在实际运动中往往会在法兰中心安装吸盘、焊枪、气缸等工具。此时若机械手

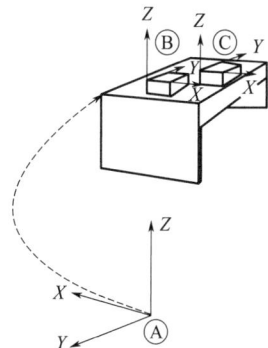

图 2.119　工件坐标系
A—世界坐标系；B—工件
坐标系 1；C—工件坐标系 2

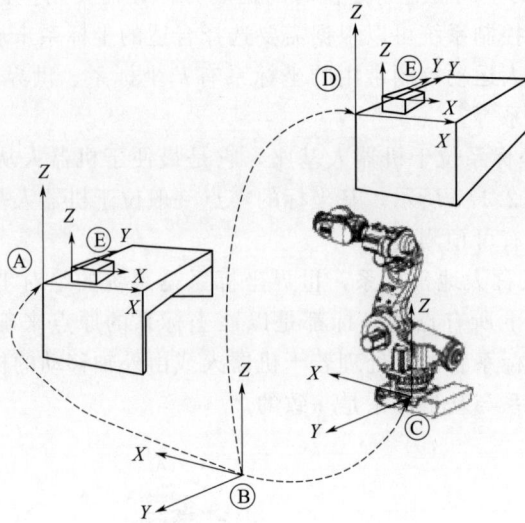

图 2.120 用户坐标系

A,D—用户坐标系；B—世界坐标系；C—基坐标系；E—工件坐标系（跟随用户坐标系移动）

运动中心依然在法兰中心，会造成很大的不便，因此根据实际情况去示教需要的工具坐标系就显得很必要。

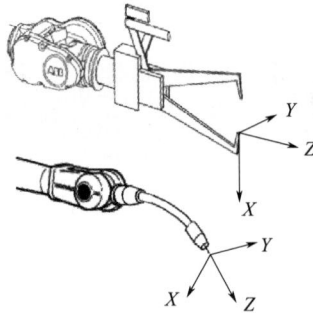

图 2.121 工具坐标系

思考与练习

2-1 工业机器人按不同分类方式可以分为哪些类型？

2-2 工业机器人主要技术参数有哪些？

2-3 工业机器人内部传感器和外部传感器的作用分别是什么？分别有哪些常用传感器？

2-4 请简述工业机器人控制系统主要功能以及控制方式。

2-5 工业机器人控制常用坐标系有哪些？分别在什么场景下适用？

第3章

工业机器人操作与编程基础（ABB）

知识目标

① 熟练掌握ABB工业机器人示教器基本使用方法。

② 熟练掌握ABB工业机器人手动操纵。

③ 掌握工业机器人工件坐标系、工具坐标系的创建及使用方法。

④ 熟悉ABB工业机器人的I/O配置方法。

⑤ 熟悉ABB工业机器人的程序数据，掌握工业机器人的基本编程方法。

能力目标

① 能够对工业机器人示教器环境进行配置。

② 能够熟练操作工业机器人，完成工件坐标系和工具坐标系的定义。

③ 能够完成工业机器人简单任务的编程。

3.1 工业机器人基本操作

3.1.1 示教器按键及功能

示教器（flexpendant）是进行机器人的手动操作、程序编写、参数配置以及监控用的手持装置，也是操作者与工业机器人之间沟通的"桥梁"。其可在恶劣的工业环境下持续运作，触摸显示屏易于清洁，具有防水、防油、防溅湿的特点，ABB机器人示教器结构如图3.1所示。

对于ABB示教器的握持方式，默认为左手持示教器，除拇指外的四个手指放在使能按键上，右手持触屏笔进行按键和屏幕操作，如图3.2(a)所示。如果是左手操作习惯者，可在系统中将屏幕旋转 180°，同时示教器本体也旋转 180°，即可右手持示教器，左手操作，如图 3.2(b) 所示。

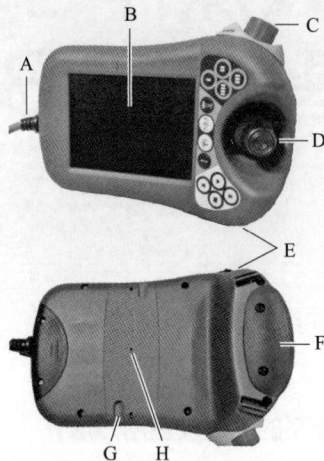

(a) 左手握持

(b) 右手握持

图 3.1　示教器的结构

A—电缆；B—触摸显示屏；C—急停按钮；

D—操作摇杆；E—USB 数据备份恢复接口；

F—三段式使能按钮；G—触屏笔；H—重置按钮

图 3.2　示教器握持方式

ABB 示教器功能区按键共 12 个，如图 3.3 所示。

功能区按键可分为 3 类，A～D 是自定义功能键，可在系统中配置常用的功能；E～H 是快速功能，用于操作机器人时快速改变坐标系等设置；J～M 是程序运行控制按钮，用于半自动或自动运行时的程序启停等控制，具体按键功能说明如表 3.1 所示。

表 3.1　示教器功能区按键及功能说明

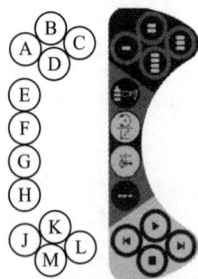

图 3.3　示教器功能区按键

序号	功能
A～D	可编程按键，可配置输入、输出、系统等某些特定功能，以简化编程和测试
E	切换机械单元(只有在示教器连接两个以上机器人本体时才生效)
F	切换运动模式(线性或重定位)
G	切换运动模式(1～3 轴或 4～6 轴)
H	切换动作速度增量
J	程序后退到上条指令
K	程序启动
L	程序前进到下条指令
M	程序停止

3.1.2　配置示教器操作环境

在工业机器人出厂时，示教器被配置为默认设置，为了方便操作，需要进行一些个性化配置。示教器界面布局如图 3.4 所示，功能介绍如表 3.2 所示。

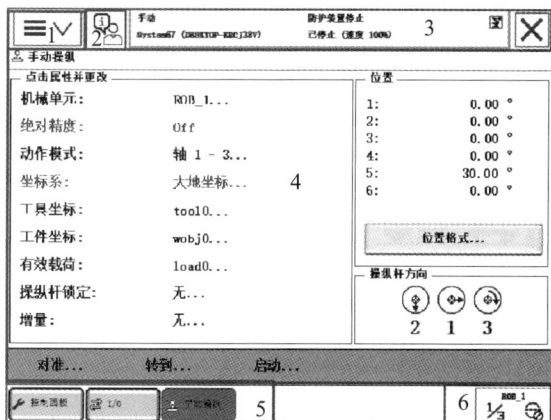

图 3.4　示教器界面布局

表 3.2　示教器界面布局及功能说明

序号	名称	功能
1	菜单栏	菜单栏包括 HotEdit、备份与恢复、输入和输出、校准、手动操纵、控制面板、自动生产窗口、事件日志、程序编辑器、flexpendant 源管理器、程序数据、系统信息、注销、重新启动等
2	操作员窗口	操作员窗口允许操作员监控和控制 ABB 机器人的运行
3	状态栏	状态栏显示与系统状态有关的重要信息，如操作模式、电动机开启/关闭、速度等
4	主界面	主要操作界面
5	任务栏	显示当前打开的所有视图，并可进行快速切换
6	快速设置菜单	包含切换机械单元、增量模式、程序运行模式、速度等，可进行快速设置

（1）设置握持方式

为了方便左手习惯者操作示教器，可在系统中将屏幕旋转 180°，从而将示教器设置为右手握持、左手操作模式。

① 点击主菜单，选择"控制面板"，再选择"自定义显示器"。

② 点击"向右旋转"两次，即旋转 180°，完成之后点击确定，如图 3.5 所示，即完成示教器握持方式调整。

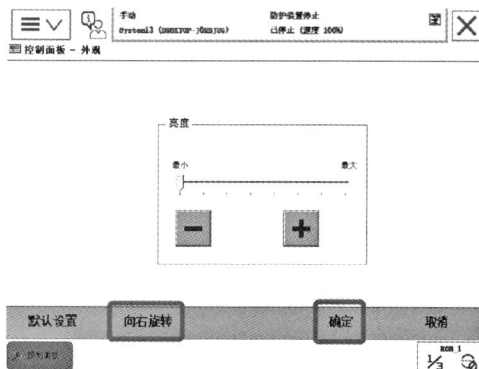

图 3.5　调整示教器握持方式

（2）配置可编程按键

在操作者示教和测试过程中，为了方便和简化使用者的操作，可以将某些特定功能绑定到可编程按键上。

① 点击主菜单，选择"控制面板"，再选择"配置可编程按键"。

② 选择需要定义的"按键"：按键1～4，通过下拉菜单选择按键绑定的"类型"：无、输入、输出、系统，如图3.6所示。

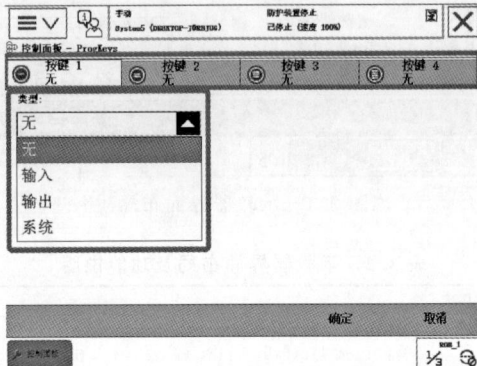

图3.6 可编程按键绑定类型

③ 选择"类型"为输出，然后从右侧数字输出窗口选择具体的数字输出信号，并且选择按下按键的切换模式（切换、设为1、设为0、按下/松开、脉冲），如图3.7所示。

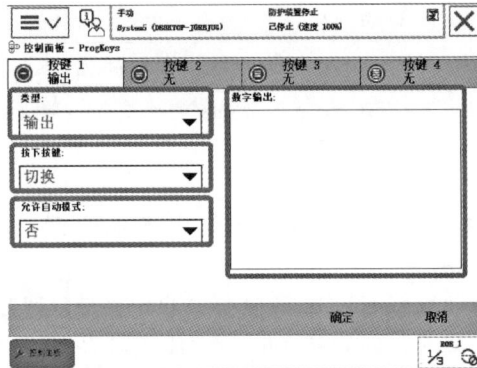

图3.7 配置输出类型可编程按键

例如操作员选择"按键1""输出""切换""否"，绑定的数字输出信号为取放工具信号，此时点按按键1即可实现工业机器人快速取工具、放工具的功能。

3.1.3 查看常用信息与事件日志

可以通过示教器主界面上的状态栏进行 ABB 工业机器人常用信息的查看，如图3.8（a）所示，常用信息包括：

① 工业机器人的模式：手动、手动全速、自动。

② 工业机器人伺服电机状态：电机开启、防护装置停止（电机停止）。

③ 工业机器人系统信息。

④ 工业机器人程序运行状态：运行、停止。

⑤ 工业机器人运行速度。

⑥ 当前机器人或外轴使用状态。

除了直接通过状态栏查看上述信息外，还可以通过点击状态栏，查看机器人的事件日志，如图 3.8（b）所示，日志会显示对机器人操作的事件记录，包括代码、标题、日期和时间，准确的操作时间可以帮助操作者分析相关事件。

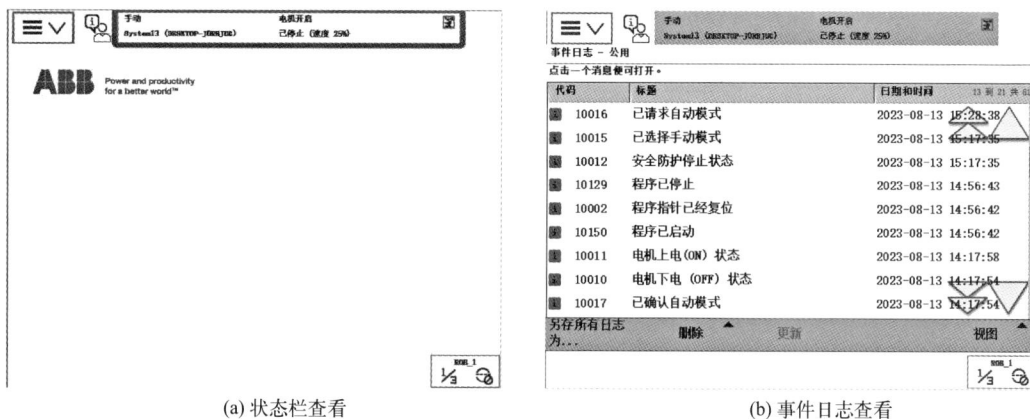

(a) 状态栏查看　　　　　　　　(b) 事件日志查看

图 3.8　工业机器人常用信息查看方式

3.1.4　数据备份与恢复

机器人数据备份是指为防止系统出现操作失误或系统故障导致数据丢失，而将全部或部分数据集合从机器人复制到其他的存储介质的过程。ABB 工业机器人备份的对象是所有系统内正在运行的 RAPID 程序和系统参数。不过要注意的是，ABB 工业机器人备份的数据具有唯一性，不能将工业机器人 A 的备份恢复到工业机器人 B 中，否则会造成系统故障，但可以单独把备份数据里的程序模块和系统参数配置（EIO）导入到不同机器人中。

此外，操作人员还可以通过恢复操作，将在 RobotStudio 里编写的程序模块导入到实体机器人中进行离线编程。

（1）数据备份

ABB 工业机器人数据备份的具体操作如下所示：

① 点击主菜单，选择"备份与恢复"。

② 点击"备份当前系统..."菜单，如图 3.9 所示。

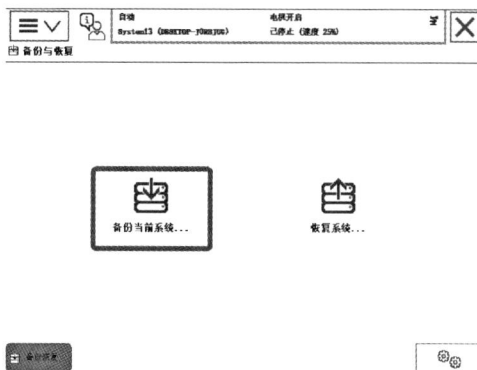

图 3.9　点击"备份当前系统..."菜单

③ 设置好"备份文件夹""备份路径""备份将被创建在",点击"备份",如图 3.10 所示。

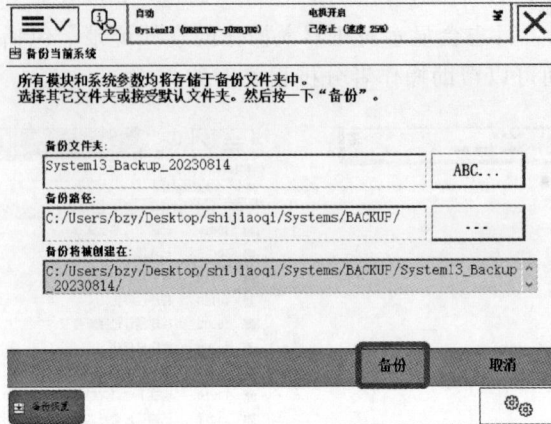

图 3.10 备份设置页面

(2) 数据恢复

ABB 工业机器人数据恢复分为三种,分别为系统恢复、程序模块恢复以及系统参数配置恢复。

系统恢复的具体操作如下:

① 点击主菜单,选择"备份与恢复",点击"恢复系统..."。

② 设置好"备份文件夹",点击"恢复",如图 3.11 所示,其中"高级"里可选择恢复的备份是否覆盖控制器设置。

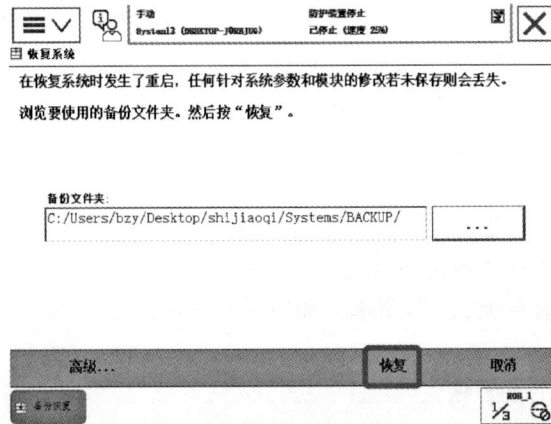

图 3.11 系统恢复

程序模块恢复的具体操作如下:

① 点击主菜单,选择"程序编辑器",点击"模块",如图 3.12 所示。

② 点击"文件",再点击"加载模块",弹出提示对话框,点击"是",如图 3.13 所示。

③ 选择想要加载的模块,点击"确定",即可恢复程序模块,如图 3.14 所示。

系统参数配置恢复的具体操作如下:

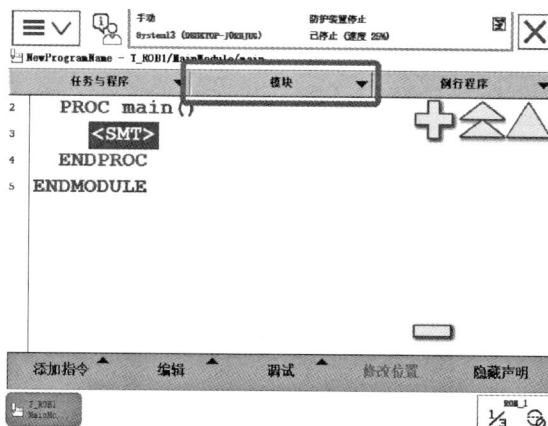

图 3.12　点击"模块"

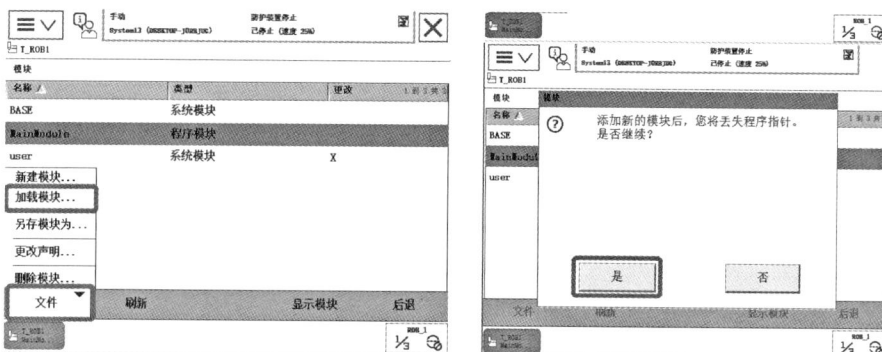

图 3.13　加载模块

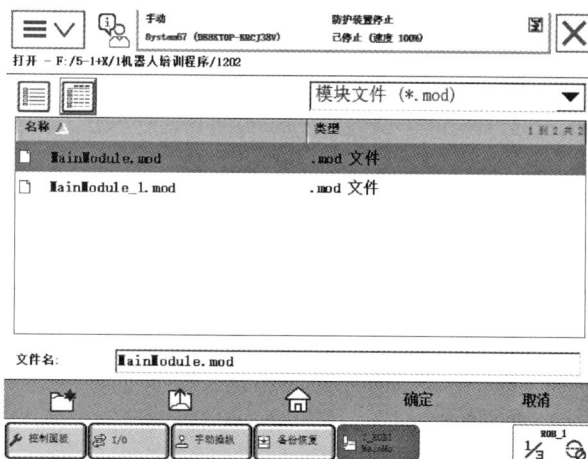

图 3.14　选择恢复模块

① 点击主菜单，选择"控制面板"，再点击"配置系统参数"。

② 点击"文件"，再点击"加载参数"，如图 3.15 所示。

③ 选择加载参数的模式：删除现有参数后加载、没有副本时加载参数、加载参数并替换副本，点击"加载 ..."，如图 3.16 所示。

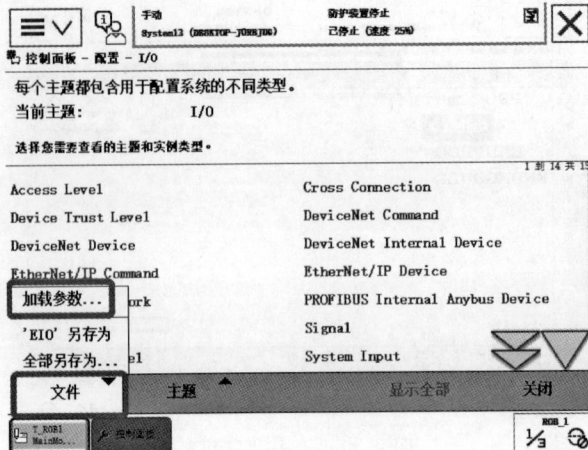

图 3.15　加载参数选项

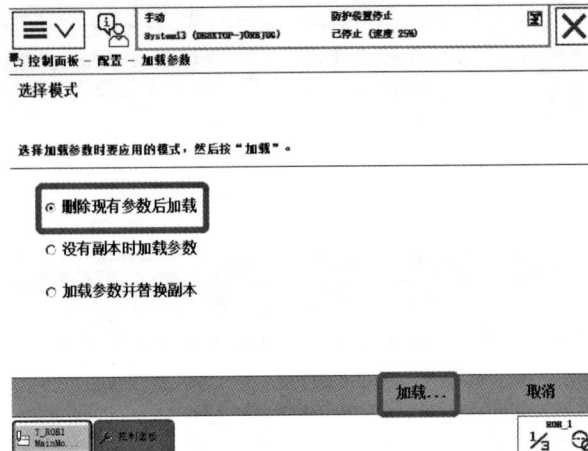

图 3.16　参数加载模式

④ 选择想加载的配置参数文件，点击"确定"，如图 3.17 所示。

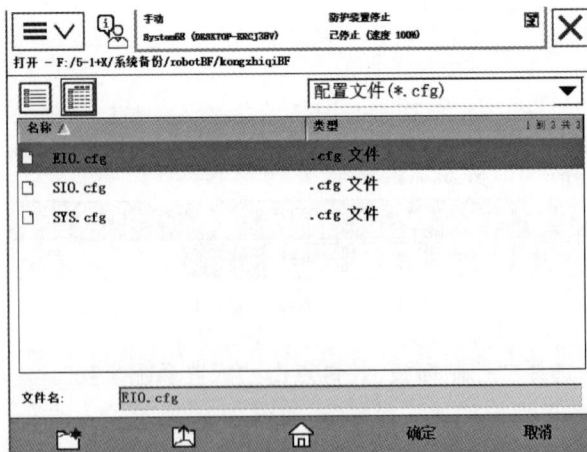

图 3.17　选择参数配置文件

3.1.5　工业机器人手动操纵

ABB 机器人运动有三种模式：单轴运动、线性运动和重定位运动，操作人员根据需要使用不同的运动模式来操纵机器人完成任务。

示教器的摇杆在工业机器人手动操纵过程中发挥重要作用，摇杆结构如图 3.18 所示，可以进行上下左右及斜角、旋转操作，共 10 个方向。斜角操作相当于相邻的两个方向同时动作。另外，摇杆的操纵幅度与机器人的运动速度相关。幅度越小则机器人运动速度慢，幅度大则机器人运动速度快。严格来说，摇杆只具备上下、左右和顺逆时针 3 个自由度的动作，所以控制机器人动作

图 3.18　示教器摇杆

时也对应 3 个自由度：单轴运动时对应 1～3 轴或 4～6 轴，线性运动时对应 3 个位置自由度，重定位运动时对应 3 个旋转自由度。

（1）单轴运动

ABB 六轴工业机器人有 6 个伺服电机，分别驱动机器人的 6 个关节轴，如图 3.19 所示，由于 ABB 示教器的摇杆只有 3 个自由度，因此需要切换 1～3 轴和 4～6 轴的控制。工业机器人单轴运动模式一般用来更新转数计数器，以及当工业机器人到达机械限位、软限位和线性运动下路径上有奇异点时，将机器人移动到合适的位置。

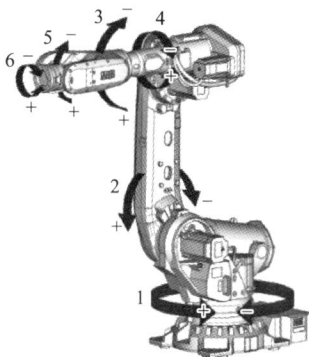

图 3.19　六轴工业机
器人 1～6 轴示意图

以下是手动操作 ABB 工业机器人单轴运动的具体步骤：

① 将工业机器人控制柜切换到手动模式，此时示教器状态栏会显示"手动"字样，点击主菜单，选择"手动操纵"，如图 3.20 所示。

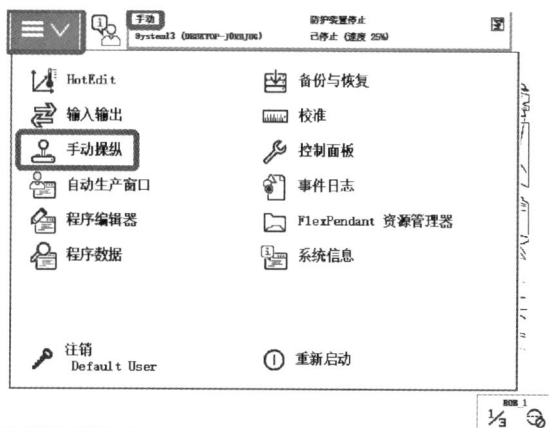

图 3.20　选择手动操纵

② 点击"动作模式"，选择"轴 1-3"或"轴 4-6"，点击"确定"，如图 3.21 所示。

经过以上操作就可以通过示教器的使能按键和摇杆实现对工业机器人的单轴手动控制，也可通过图 3.22 所示的快捷键进行单轴模式 1～3 轴和 4～6 轴的快速切换。

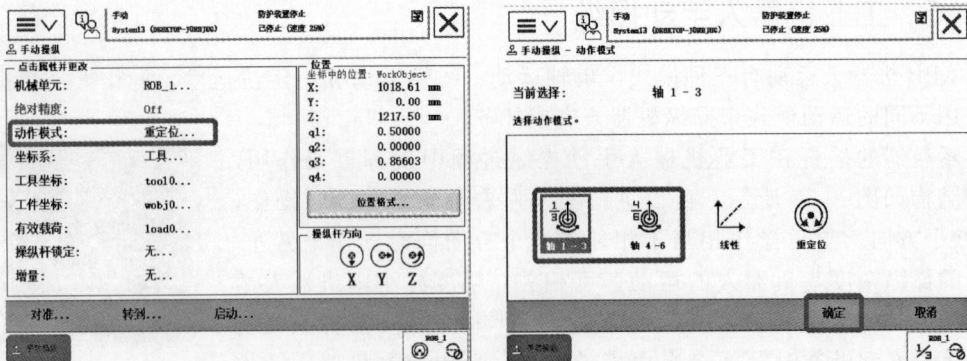

图 3.21　选择动作模式和手动轴

（2）线性运动

工业机器人的线性运动是指安装在工业机器人的工具 TCP（工具坐标系中心点，默认在第六轴法兰盘上）在空间做线性运动，如图 3.23 所示。线性运动的 X、Y、Z 方向可以通过切换不同的坐标系去更改。线性运动时工业机器人的移动幅度较小，适合较为精确的定位和移动。

图 3.22　1～3 轴和 4～6 轴切换的快捷键

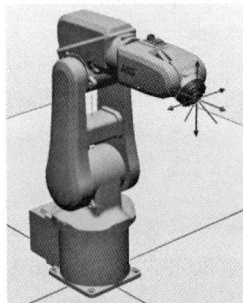

图 3.23　线性运动示意图

以下是手动操作 ABB 工业机器人线性运动的具体步骤：

① 将工业机器人控制柜切换到手动模式，此时示教器状态栏会显示"手动"字样，点击主菜单，选择"手动操纵"。

② 点击"动作模式"，选择"线性"，如图 3.24 所示。

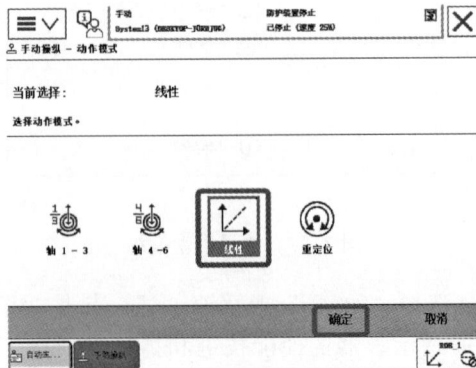

图 3.24　选择线性模式

经过以上操作就可以通过示教器的使能按键和摇杆实现对工业机器人的线性手动控制，也可通过图 3.25 所示的快捷键进行线性运动和重定位运动的快速切换。

（3）重定位运动

工业机器人的重定位运动是指安装在工业机器人的工具 TCP（工具坐标系中心点，默认在第六轴法兰盘上）在空间中绕着坐标轴做旋转运动，也可以理解为工业机器人绕着工具 TCP 做姿态调整的运动，如图 3.26 所示。

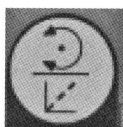

图 3.25　线性与重定位模式切换的快捷键　　图 3.26　重定位运动示意图

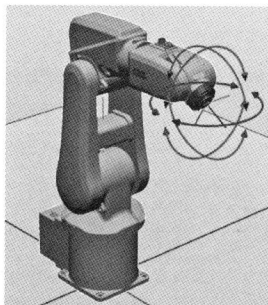

以下是手动操作 ABB 工业机器人线性运动的具体步骤：

① 将工业机器人控制柜切换到手动模式，此时示教器状态栏会显示"手动"字样，点击主菜单，选择"手动操纵"。

② 点击"动作模式"，选择"重定位"，如图 3.27 所示。

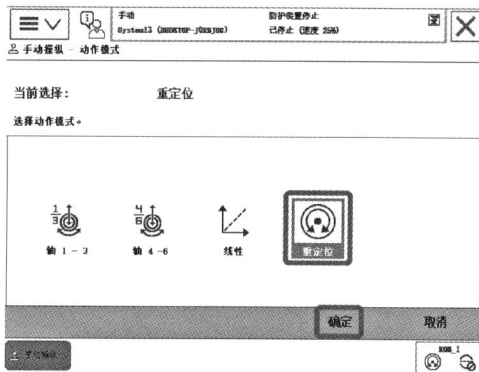

图 3.27　选择重定位模式

经过以上操作就可以通过示教器的使能按键和摇杆实现对工业机器人的重定位手动控制，也可通过图 3.25 所示的快捷键进行线性运动和重定位运动的快速切换。

3.1.6　工业机器人坐标系的创建

前面已经讲过，工业机器人有多种坐标系，包括世界坐标系、基坐标系、用户坐标系、工具坐标系、工件坐标系等，而 ABB 工业机器人允许操作人员自己创建多个工具坐标系和工件坐标系。

（1）创建工件坐标系

工件坐标定义为工件相对于大地坐标的位置。一个工业机器人可以创建多个工件坐标系，这些工件坐标系可以表示不同工件，也可以表示同一工件在不同位置的若干副本。也可以理解为工件坐标系是拥有特定附加属性的坐标系。它主要用于简化编程（因置换特定任务和工件进程等而需要编辑程序时）。工件坐标系必须定义于两个框架：用户框架（与大地基座相关）和工件框架（与用户框架相关）。创建工件可用于简化对工件表面的微动控制。可以创建若干不同的工件，这样就必须选择一个用于微动控制的工件。

创建工件坐标数据 wobjdata 时，只需要在对象表面位置或工件边缘位置上定义三个点（$X1$、$X2$、$Y1$），其中 $X1$、$X2$ 为工件坐标系 X 轴上的两点，且 $X1$、$X2$ 组成的向量为工件坐标系 X 轴的正方向；$Y1$ 为工件坐标系 Y 轴正半轴上任一点，如图 3.28(a) 所示。需要注意的是，创建的工件坐标系须符合右手定则，如图 3.28(b) 所示。

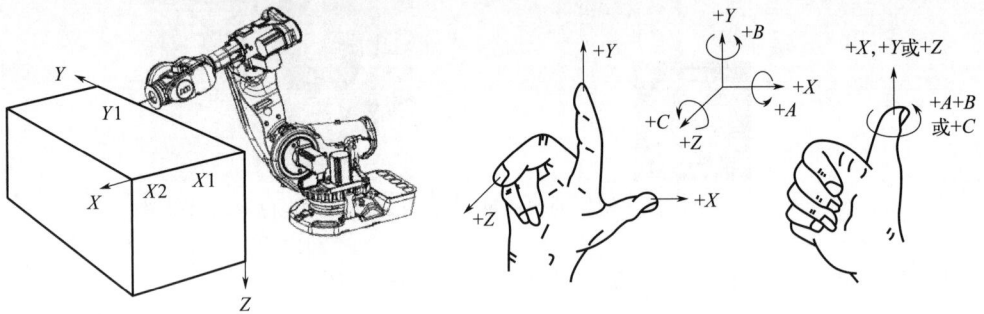

图 3.28　工件坐标系及右手定则

以下是 ABB 工业机器人创建工件坐标系的具体步骤：

① 进入手动操作界面，点击"工件坐标"，工件列表中 wobj0 为系统保留变量，一般不允许修改，直接点击"新建"，如图 3.29 所示。

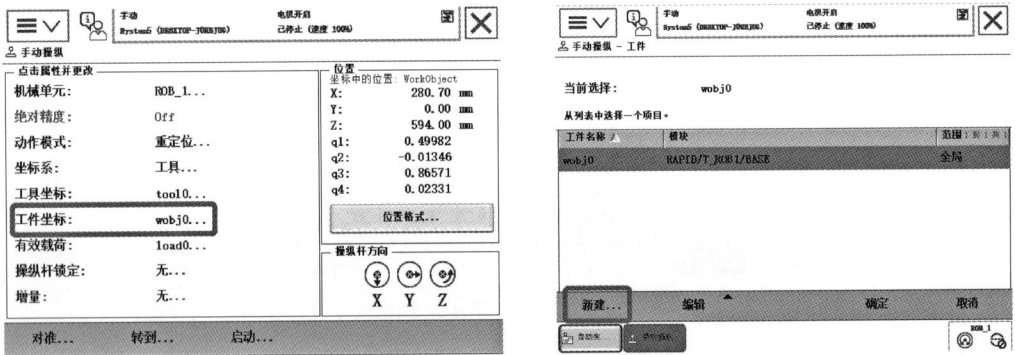

图 3.29　新建工件坐标系

② 设置好工件坐标系相关参数（如无特殊要求，一般默认即可），点击"确定"，如图 3.30 所示。

③ 选择新建的工件坐标系，点击"编辑"，再点击"定义"，如图 3.31 所示。

④ "用户方法"选择"3 点"，点击"用户点 X1"，然后手动操纵机器人，使其工具末端到达 X1 点，点击修改位置；按此方法继续示教"用户点 X2""用户点 X3"，如图 3.32 (a) 所示。当"用户点 X1""用户点 X2""用户点 X3"正确示教，状态显示"已修改"后，点击"确定"，如图 3.32(b) 所示。

图 3.30　设置工件坐标系参数

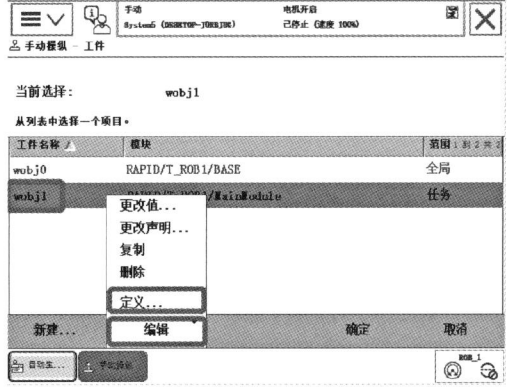

图 3.31　定义工件坐标系

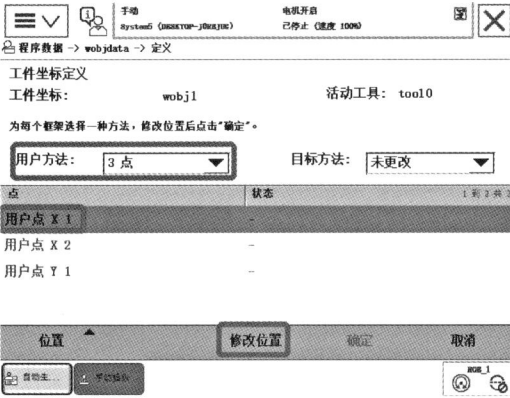

(a) 示教三个用户点

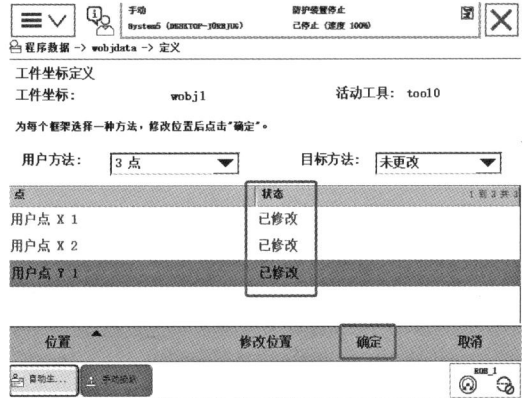

(b) 示教完成

图 3.32　三点法定义工件坐标系

⑤ 弹出的提示对话框会显示新标定工件坐标系的信息，如无误，点击"确定"，如图 3.33 所示。至此，操作员就可以选择并使用新创建的坐标系了。

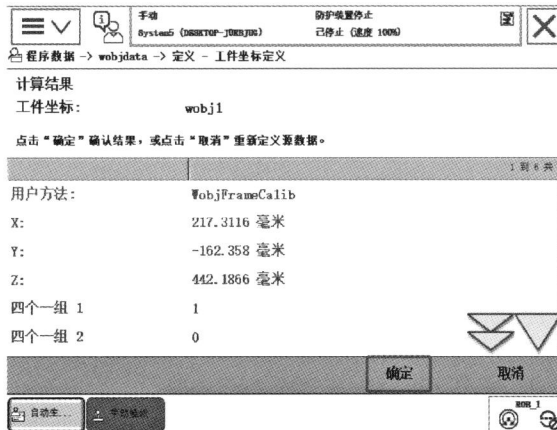

图 3.33　新建工件坐标系信息

（2）创建工具坐标系

工具坐标系（tooldata）用于描述安装在机器人第六轴上工具的特性，包括工具坐标系原点（TCP）、质量、重心等。它会影响机器人的控制算法（例如计算加速度）、速度与加速度监控、力矩监控、碰撞监控和能量监控等，因此机器人的工具坐标系需要正确设置。

工业机器人根据任务的不同会安装不同的工具，例如吸盘、焊枪、夹具等，但不论是否安装工具、安装何种工具，所有工业机器人在手腕法兰盘中心处都有一个预定义的工具坐标系，该坐标系被称为 tool0，如图 3.34（a）所示。假设机器人以 tool0 进行示教编程后，当需要安装工具时，只需要重新创建新的工具坐标系（新工具坐标系定义为 tool0 的偏移值），如图 3.34（b）所示，不用更改程序或示教点，便可让新工具的 TCP 实现与原TCP 相同的运动。

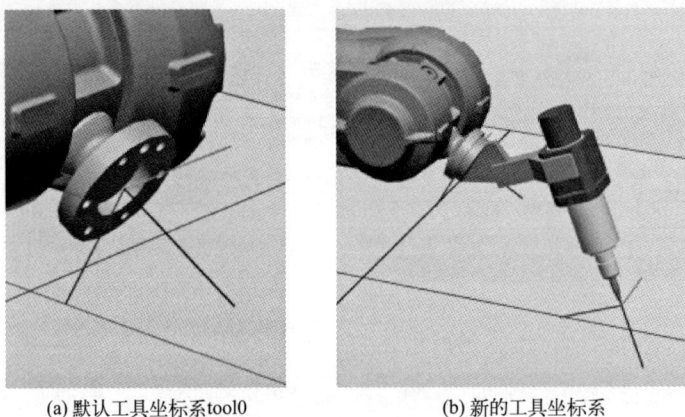

(a) 默认工具坐标系tool0　　　　(b) 新的工具坐标系

图 3.34　工业机器人工具坐标系

创建工具坐标系的方法包括 TCP（默认方向）法、TCP 和 Z 法，TCP 和 Z、X 法。

① TCP（默认方向）法。机器人的 TCP 通过 3 种以上不同姿态去接触参考点，通过计算得出当前 TCP 的相对位置，其坐标系方向与 Tool0 一致。

② TCP 和 Z 法。在①的基础上，增加一个 Z 点，其与参考点连线为坐标系 Z 轴的方向。

③ TCP 和 Z、X 法。在②的基础上，增加一个 X 点，其与参考点连线为坐标系 X 轴的方向。

以下是 ABB 工业机器人创建工具坐标系的具体步骤：

① 进入手动操作界面，点击"工具坐标"，进入工具列表后点击"新建"（tool0 不允许修改）。

② 设置好工具坐标系相关参数（如无特殊要求，一般默认即可），点击"确定"，前两个操作步骤与新建工件坐标系步骤①、②基本相同。

③ 选择新建的工具坐标系，点击"编辑"，再点击"定义"，如图 3.35 所示。

④ 点击"点 1"，然后手动操纵机器人，使工具末端到达固定圆锥尖端，如图 3.36 所示，点击修改位置；点击"点 2"，更改机器人姿态，使工具末端到达固定圆锥尖端，点击修改位置；按"点 2"示教方法继续示教"点 3""点 4"。每次示教机器人位姿区别越大，工具末端到达固定圆锥尖端越准确，TCP 示教效果越好。

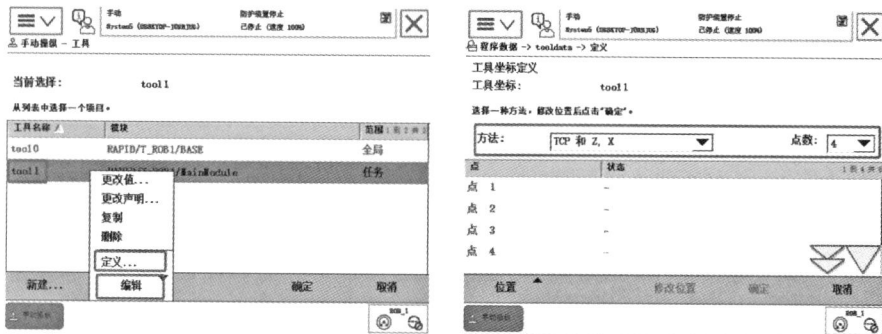

图 3.35 定义新建工具坐标系

⑤ 点击"延伸器点 X"，手动操纵机器人从固定圆锥尖端沿工具 TCP 的 X 正方向移动一段距离，点击"修改位置"；点击"延伸器点 Z"，手动操纵机器人从固定圆锥尖端沿工具 TCP 的 Z 正方向移动一段距离，点击"修改位置"；全部示教完成后，点击"确定"。

⑥ 查看误差，如满足要求，点击"确定"，如图 3.37 所示。

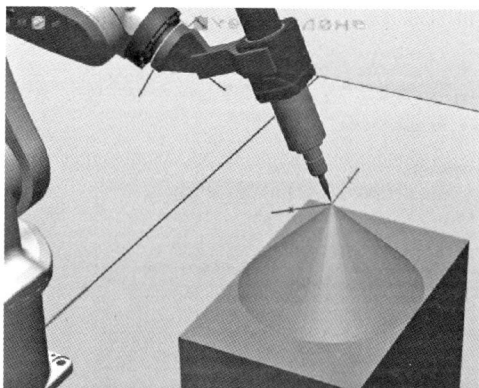

图 3.36 工具末端位置示意图

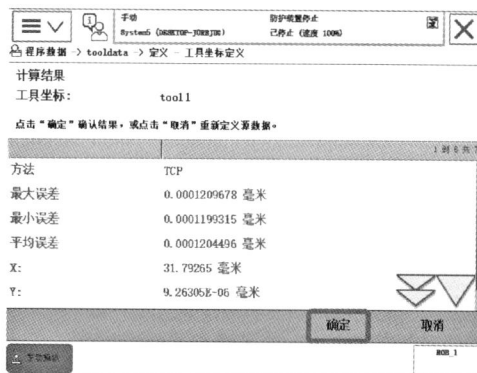

图 3.37 工具坐标系误差数据

⑦ 选择新建的工具坐标系，点击"编辑"，再点击"更改值"；单击箭头向下翻页，将 mass 值更改为实际重量（kg），更改"x""y""z"，设定工具重心坐标，点击"确定"，如图 3.38 所示。

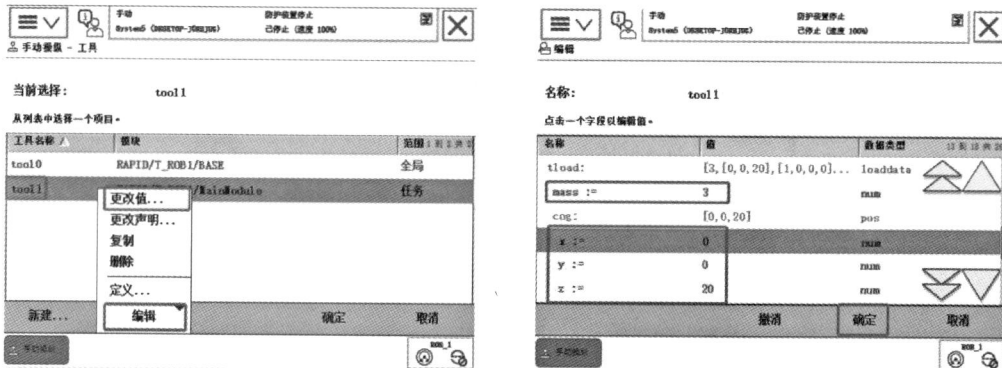

图 3.38 更改工具质量及重心数据

至此，操作员就可以选择并使用新创建的坐标系了。

3.1.7　更新 ABB 工业机器人转数计数器

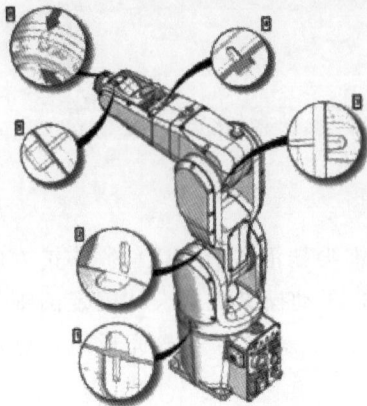

图 3.39　ABB 工业机器人
各轴的机械原点

工业机器人的转数计数器记录了机器人各关节轴的数据，它们由独立的蓄电池供电，当蓄电池出现故障或者没电，工业机器人的关节轴发生了移动时，就需要对转数计数器进行更新，否则机器人的运行位置会不准确。更新转数计数器前，必须将工业机器人的每个轴停到机械原点，即让每个轴上的刻度线与槽对齐，如图 3.39 所示，之后才能进行转数计数器更新操作。

以下是 ABB 工业机器人更新转数计数器的具体步骤：

① ABB 工业机器人转数计数器的更新顺序为轴 4—5—6—1—2—3，通过手动操作，按顺序依次把机器人六个轴转到机械原点刻度位置。

② 点击主菜单，选择"校准"，对工业机器人单元进行校准，如图 3.40 所示。

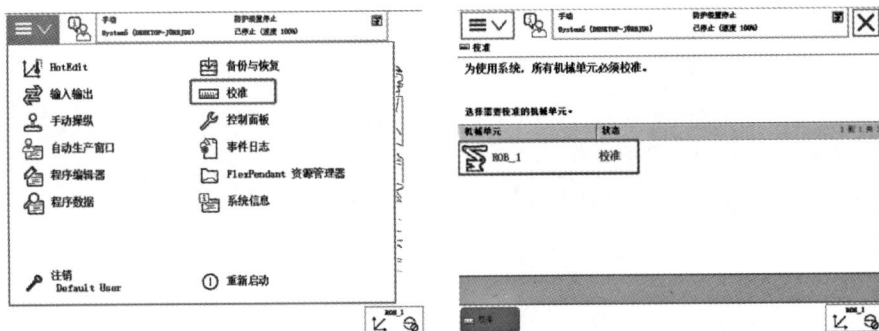

图 3.40　对工业机器人单元进行校准

③ 点击"手动方法（高级）"，选择"校准参数"，再选择"编辑电机校准偏移…"，如图 3.41 所示，弹出提示对话窗口，点击"是"。

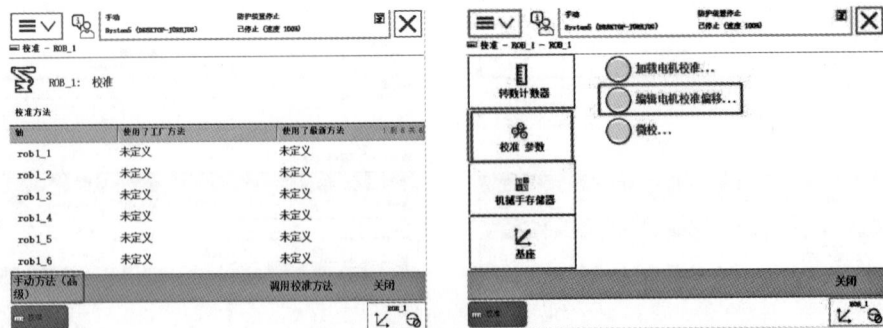

图 3.41　选择参数校准方法

④ 将工业机器人本体上电机校准偏移值输入到六个电机 rob1_1～rob1_6 的偏移值

处,点击"确定",如图 3.42 所示。

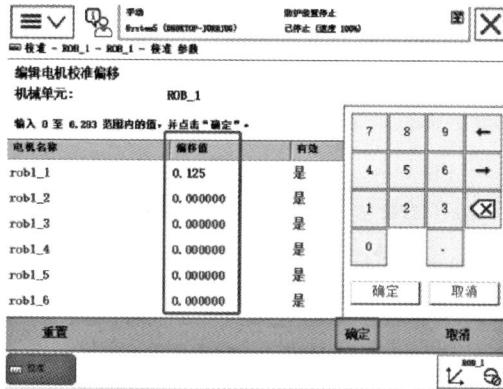

图 3.42　输入校准偏移值

⑤ 重启后,再次进入校准界面,选择"转数计数器",再选择"更新转数计数器…",如图 3.43 所示,弹出提示对话框,点击"是"。

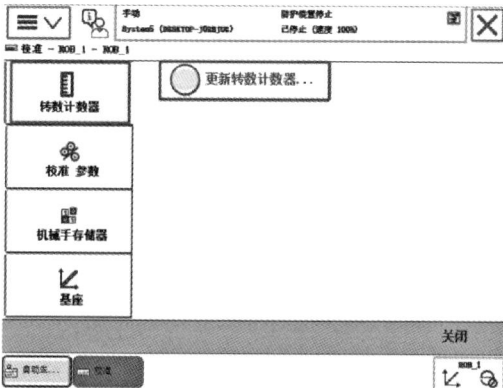

图 3.43　更新转数计数器

⑥ 回到机械单元校准页面,点击"确定"。

⑦ 点击"全选",如图 3.44 所示,在弹出的提示对话窗口点击"更新",待系统更新完成后,点击"确定",更新转数计数器完成。

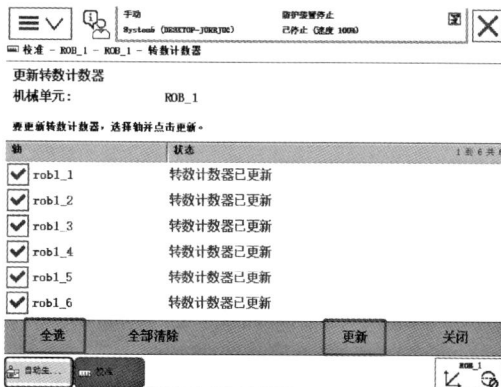

图 3.44　更新六个轴转数计数器

3.1.8 工业机器人紧急停止与复位

当工业机器人运行出现故障或行动轨迹错误或有偏差时,需要操作人员对机器人进行急停处理,急停按钮有两个,分别在示教器和控制柜上,如图 3.45 所示。当按下急停按钮时,机器人停止运动,且示教器状态栏会显示"紧急停止",如图 3.46 所示。

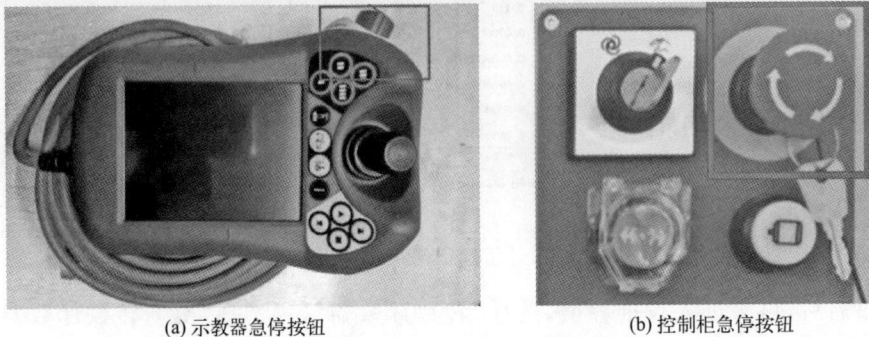

(a) 示教器急停按钮   (b) 控制柜急停按钮

图 3.45 工业机器人急停按钮

图 3.46 状态栏显示紧急停止

如果想要机器人恢复,需要将急停按钮顺时针旋转,解除急停状态,此时示教器状态栏会显示"紧急停止后等待点击开启",如图 3.47 所示。由于急停致使电机失电,此时还需要重新按下控制柜上的伺服电机上电按钮,当伺服电机上电按钮的白灯闪烁时或常亮时,机器人复位完成。

图 3.47 状态栏显示紧急停止后等待电机开启

3.2 工业机器人的 I/O 通信

工业机器人通常需要接收其他设备或传感器的信号才能完成指派的任务。例如,要利用工业机器人将某货物搬运到另一个地方,首先要确定需要搬运的货物是否到达了指定位置,这就需要一个位置传感器(到位开关);当货物到达指定位置后,传感器给工业机器人发送一个信号,工业机器人接收到这个信号后,便按照预定的轨迹开始搬运货物。对工业机器人而言,到位开关发送的信号属于数字输入信号(di),属于 I/O 通信的范畴。

3.2.1 ABB 工业机器人 I/O 通信种类简介

I/O 模块是系统中各设备间的基本通信控制接口。为了方便同外围设备通信,ABB 工业机器人设置了丰富的 I/O 接口,常见的 I/O 接口如表 3.3 所示。

表 3.3　常见的 ABB 工业机器人 I/O 接口

方式	种类	说明
PC 接口	RS232	一般用于 ABB 工业机器人与 PC 之间的通信，在开发和调试工业机器人本体系统时常用此类 I/O 接口
	OPC Server	
	Socket Message	
现场总线	DeviceNet	一般用于 ABB 工业机器人和外部设备间数量庞大的情况
	EtherNet/IP	
	PROFIBUS	
	PROFIBUS-DP	
	PROFINET	
ABB 标准 I/O 板	DSQC651 板	分布式 I/O 模块 di8/do8 ao2
	DSQC652 板	分布式 I/O 模块 di16/do16
	DSQC653 板	分布式 I/O 模块 di8/do8 带继电器
	DSQC355A 板	分布式 I/O 模块 ai4/ao4
	DSQC377A 板	输送链跟踪单元

　　ABB 标准 I/O 板一般用于数字输入 di、数字输出 do、模拟输入 ai、模拟输出 ao，以及输送链跟踪等信号处理。ABB 工业机器人可以选配 ABB 标准 I/O 板，其本质是一种可编程控制器（PLC），可以在机器人的示教器上实现与 PLC 相关的操作，省去了外部 PLC 进行通信设置的麻烦。

3.2.2　常用 ABB 标准 I/O 板

（1）ABB 标准 I/O 板 DSQC651

　　DSQC651 板上的接口包括一个 X1 数字输出接口（B）、一个 X3 数字输入接口（F）、一个 X5 DeviceNet 接口（D）和一个 X6 模拟输出接口（C），其接口分布如图 3.48 所示。

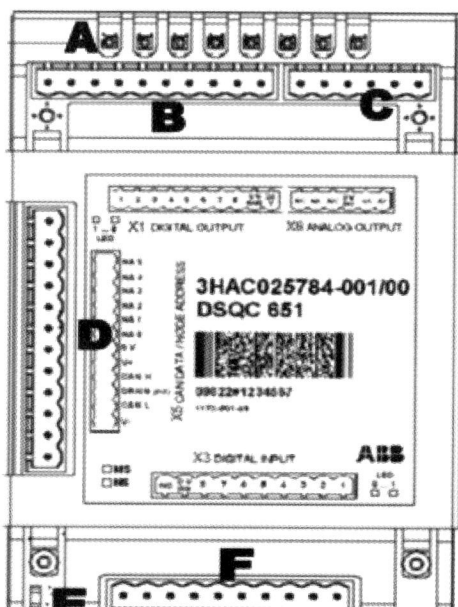

图 3.48　DSQC651 板的接口分布

① X1 端子：包括八个数字输出，端子定义及地址分配如表 3.4 所示。

表 3.4 DSQC651 X1 端子定义及地址分配

X1 端子编号	端子定义	地址分配
1	OUTPUT CH1	32
2	OUTPUT CH2	33
3	OUTPUT CH3	34
4	OUTPUT CH4	35
5	OUTPUT CH5	36
6	OUTPUT CH6	37
7	OUTPUT CH7	38
8	OUTPUT CH8	39
9	0V	—
10	24V	—

② X3 端子：包括八个数字输入，端子定义及地址分配如表 3.5 所示。

表 3.5 DSQC651 X3 端子定义及地址分配

X3 端子编号	端子定义	地址分配
1	INPUT CH1	0
2	INPUT CH2	1
3	INPUT CH3	2
4	INPUT CH4	3
5	INPUT CH5	4
6	INPUT CH6	5
7	INPUT CH7	6
8	INPUT CH8	7
9	0V	—
10	未定义	—

③ X5 端子：为 DeviceNet 接口，端子定义及地址分配如表 3.6 所示。接口上的编号 6～12 跳线用来决定模块（I/O 板）在总线中的地址，可用范围为 10～63，如图 3.49 所示如果将第 8 脚和第 10 脚的跳线剪去，即可获得 10 的地址。

表 3.6 DSQC651 X5 端子定义

X5 端子编号	使用定义
1	0V BLACK
2	CAN 信号线 low BLUE
3	屏蔽线
4	CAN 信号线 high WHITE
5	24V RED
6	GND 地址选择公共端

续表

X5 端子编号	使用定义
7	模块 ID bit0(LSB)
8	模块 ID bit1(LSB)
9	模块 ID bit2(LSB)
10	模块 ID bit3(LSB)
11	模块 ID bit4(LSB)
12	模块 ID bit5(LSB)

④ X6 端子：包括两个模拟输出，端子定义及地址分配如表 3.7 所示。

表 3.7　DSQC651 X6 端子定义及地址分配

X6 端子编号	端子定义	地址分配
1	未定义	
2	未定义	
3	未定义	
4	0V	
5	模拟输出 ao1	0～15
6	模拟输出 ao2	16～31

（2）ABB 标准 I/O 板 DSQC652

DSQC652 板上的接口包括 X1、X2 两个数字输出接口，X3、X4 两个数字输入接口和一个 X5 DeviceNet 接口，其接口分布如图 3.50 所示。

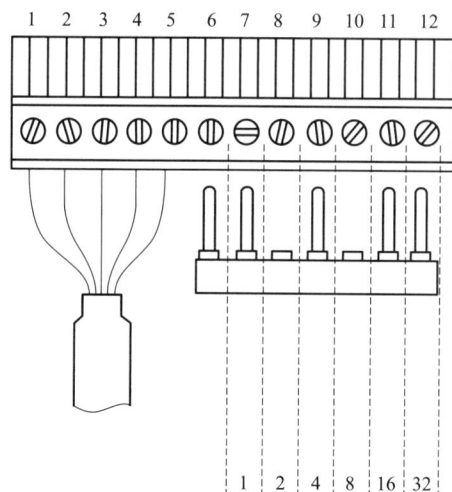

图 3.49　DSQC651 X5 端口接线方式

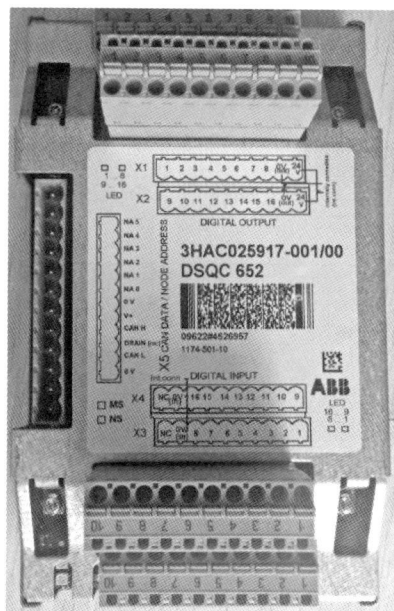

图 3.50　DSQC652 板的接口分布

① X1 端子：包括八个数字输出，端子定义及地址分配如表 3.8 所示。

表 3.8 DSQC652 X1 端子定义及地址分配

X1端子编号	端子定义	地址分配
1	OUTPUT CH1	0
2	OUTPUT CH2	1
3	OUTPUT CH3	2
4	OUTPUT CH4	3
5	OUTPUT CH5	4
6	OUTPUT CH6	5
7	OUTPUT CH7	6
8	OUTPUT CH8	7
9	0V	—
10	24V	—

② X2 端子：包括八个数字输出，端子定义及地址分配如表 3.9 所示。

表 3.9 DSQC652 X2 端子定义及地址分配

X1端子编号	端子定义	地址分配
1	OUTPUT CH9	8
2	OUTPUT CH10	9
3	OUTPUT CH11	10
4	OUTPUT CH12	11
5	OUTPUT CH13	12
6	OUTPUT CH14	13
7	OUTPUT CH15	14
8	OUTPUT CH16	15
9	0V	—
10	24V	—

③ X3 端子：包括八个数字输入，端子定义及地址分配如表 3.10 所示。

表 3.10 DSQC652 X3 端子定义及地址分配

X1端子编号	端子定义	地址分配
1	INPUT CH1	0
2	INPUT CH2	1
3	INPUT CH3	2
4	INPUT CH4	3
5	INPUT CH5	4
6	INPUT CH6	5
7	INPUT CH7	6
8	INPUT CH8	7
9	0V	—
10	未使用	—

④ X4 端子：包括八个数字输入，端子定义及地址分配如表 3.11 所示。

表 3.11　DSQC652 X4 端子定义及地址分配

X1 端子编号	端子定义	地址分配
1	INPUT CH9	8
2	INPUT CH10	9
3	INPUT CH11	10
4	INPUT CH12	11
5	INPUT CH13	12
6	INPUT CH14	13
7	INPUT CH15	14
8	INPUT CH16	15
9	0V	—
10	未使用	—

⑤ X5 端子：为 DeviceNet 接口，端子定义详见 DSQC651 中的 X5 端子（表 3.6）。

3.2.3　DSQC651 标准 I/O 板的配置

ABB 工业机器人常用的标准 I/O 板除分配的地址不同外，其配置方法基本相同。下面以最常见的 DSQC651 板为例，介绍配置 ABB 标准 I/O 板的操作步骤。

（1）配置 DSQC651 板

ABB 标准 I/O 板多是 DeviceNet 现场总线下的设备，通过 DeviceNet 接口进行通信。因此，在进行通信前，需要将其添加到系统中，并设置其在系统中的名称、连接的总线及在总线中的地址，以便能被系统识别。定义 DSQC651 板总线连接的相关参数及说明如表 3.12 所示。

表 3.12　DSQC651 板总线连接的相关参数及说明

参数名称	设定值	说明
Network	DeviceNet	设置 I/O 板连接的总线
Name	D651	设置 I/O 板在系统中的名称
Address	10	设置 I/O 板在总线中的地址

以下是配置 DSQC651 板的具体步骤：

① 进入主菜单，点击"配置系统参数"。

② 选择"DeviceNet Device"，点击"显示全部"，如图 3.51 所示，在新弹出的窗口点击"添加"。

③ 点击下拉箭头，选择"DSQC 651 Combi I/O Device"，如图 3.52 所示。

④ 下翻找到"address"，双击"address"，将其值改为 10，点击"确定"。

⑤ 在弹出的提示对话框点击"是"，重启控制系统后，DSQC651 板添加成功。

（2）定义数字输入信号 di

数字输入信号 di 的相关参数，如表 3.13 所示。

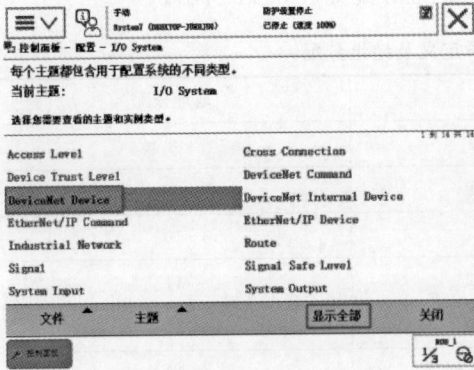

图 3.51 添加 DeviceNet Device

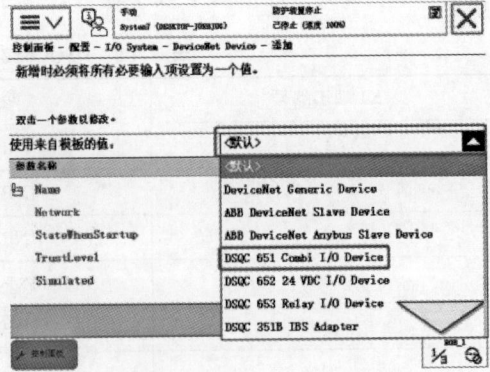

图 3.52 选择 DSQC 651 Combi I/O Device

表 3.13 数字输入信号 di 的相关参数

参数名称	设定值	说明
Name	di1	设定数字输入信号的名字
Type of Signal	Digital Input	设定信号的种类
Assigned to Device	d651	设定信号所在的 I/O 模块
Device Mapping	0	设定信号所占用的地址

以下是定义数字输入信号 di1 的具体步骤：

① 进入配置系统参数界面，选择"Signal"，点击"显示全部"，点击"添加"。

② 将"Name"修改为 di1，"Type of Signal"设置成 Digital Inpu，"Assigned to Device"设置为 d651，"Device Mapping"设置为 0，点击"确定"，如图 3.53 所示。在弹出的提示对话框点击"是"，重启控制系统后，数字输入信号 di1 添加成功。

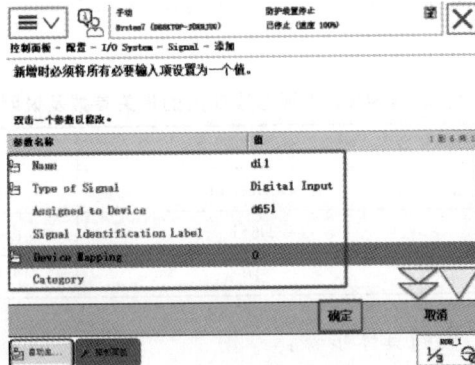

图 3.53 设置数字输入信号参数

(3) 定义数字输出信号 do

数字输出信号 do 的相关参数，如表 3.14 所示。

表 3.14 数字输入信号 do 的相关参数

参数名称	设定值	说明
Name	do1	设定数字输出信号的名字

参数名称	设定值	说明
Type of Signal	Digital Onput	设定信号的种类
Assigned to Device	d651	设定信号所在的 I/O 模块
Device Mapping	32	设定信号所占用的地址

定义数字输出信号 do1 的具体步骤与定义数字输入信号 di1 基本一致，可以参照完成。

此外，可以定义组输入信号 gi 和组输出信号 go，定义步骤与上述信号一致，设定信号所占用的地址参数 Device Mapping 如表 3.15 所示。

表 3.15　组信号 Device Mapping 设置说明

信号名称	Device Mapping 设定值
组输入信号 gi	1～4
组输出信号 go	33～36

3.2.4　系统输入/输出与 I/O 信号的关联

关联系统输入/输出信号与 I/O 信号，既可实现对工业机器人系统的控制（程序启动、电机是否启动、限速、备份等），又可以通过工业机器人对外部设备的控制（启动电机、松开夹紧夹具等）。

（1）系统输入信号与数字输入信号的关联

将"限速"信号与数字输入信号 di1 进行关联，具体操作如下：

① 进入配置系统参数界面，选择"System Input"，点击"显示全部"，在新弹出的窗口点击"添加"。

② 将"Signal Name"选择为 di1，"Action"选择为 Limit Speed，"Argument 6"设置为 ROB_1，点击"确定"，如图 3.54 所示。在弹出的提示对话框点击"是"，重启控制系统后，"限速"信号与数字输入信号 di1 关联成功。

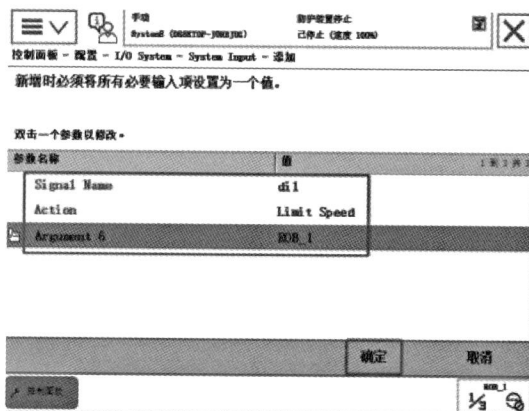

图 3.54　系统输入信号与数字输入信号关联

（2）系统输出信号与数字输出信号的关联

将"启动电动机"信号与数字输出信号 do1 进行关联，具体操作如下：

① 进入配置系统参数界面，选择"System Onput"，点击"显示全部"，在新弹出的窗口点击"添加"。

② 将"Signal Name"选择为do1，"Action"选择为Motors On，点击"确定"，如图3.55所示。在弹出的提示对话框点击"是"，重启控制系统后，"限速"信号与数字输入信号di1关联成功。

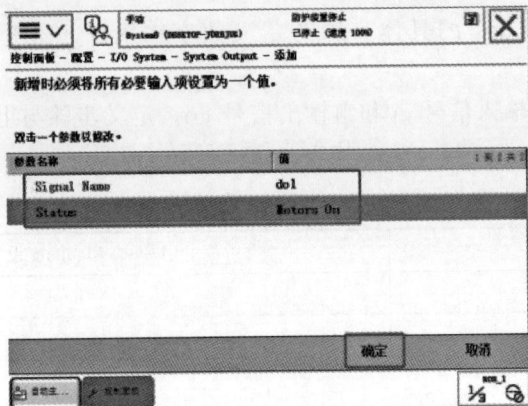

图 3.55　系统输出信号与数字输出信号关联

3.3　ABB 工业机器人的程序数据

3.3.1　程序数据简介

(1) 程序数据定义

工业机器人的程序数据是程序模块或系统模块中设定的值和定义的一些环境数据，ABB机器人提供了丰富的程序数据，能满足大多数工艺要求，如果遇到不能满足的情况，可以根据实际情况自行创建程序数据，丰富了ABB工业机器人的编程与设计。

ABB工业机器人的程序数据可在示教器主菜单界面点击"程序数据"来打开管理界面，如图3.56所示。在此界面，操作人员可以进行程序数据的查看和创建。

ABB工业机器人为操作人员提供了103个程序数据，其中常用的程序数据见表3.16。

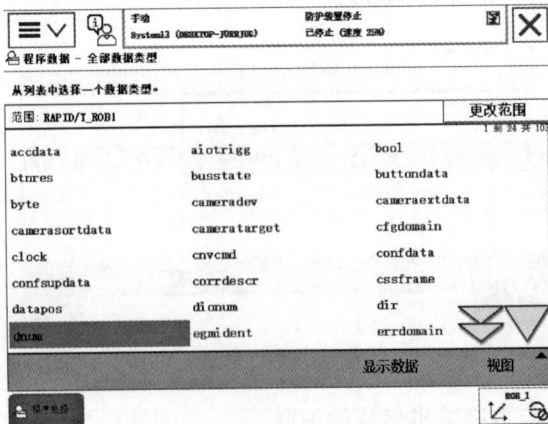

图 3.56　程序数据管理界面

表 3.16 ABB 工业机器人常用程序数据及说明

程序数据	说明	程序数据	说明
bool	布尔量	byte	整数数据 0~255
clock	计时数据	dionum	数字输入/输出信号
extjoint	外轴位置数据	intnum	中断标识符
jointtarget	关节位置数据	loaddata	负荷数据
num	数值数据	orient	姿态数据
pos	位置数据(X、Y、Z)	pose	坐标转换
robjoint	工业机器人轴角度数据	robtarget	工业机器人与外轴的位置数据
speeddata	工业机器人与外轴的速度数据	string	字符串
tooldata	工具数据	trapdata	中断数据
wobjdata	工件坐标数据	zonedata	工具中心点转弯半径数据

（2）程序数据的储存类型

ABB 工业机器人程序数据的储存类型分为三种：变量（VAR）、可变量（PERS）、常量（CONST）。

变量：定义该类型数据时已定义了初值，可在程序中进行赋值操作，其在程序执行的过程和停止时都会保持当前的值，但如果程序指针复位或者机器人重启后，数据恢复为初始值。

可变量：定义该类型数据时没有初值，可在程序中进行赋值操作，无论程序指针如何、机器人是否重启，数据都会保持最后的赋值。

常量：定义该类型数据时已定义了初值，不可在程序中修改，只能手动修改。

3.3.2 建立程序数据

ABB 工业机器人建立各类型程序数据方法基本一致，接下来要建立 bool 数据进行说明。

bool 型数据用于储存逻辑值数据，其值为真（true）或假（false）。bool 型数据相关参数及说明如表 3.17 所示。

表 3.17 bool 型数据相关参数及说明

数据参数	说明
名称	设定数据的名称
范围	设定数据可使用的范围（全局、本地和任务）。全局表示数据可以应用在所有的模块中,本地表示定义的数据只可以应用于所在的模块中,任务则表示定义的数据只能应用于所在的任务中
储存类型	设定数据的可存储类型（变量、可变量和常量）
任务	设定数据所在的任务
模块	设定数据所在的模块
例行程序	设定数据所在的例行程序
维数	设定数据的维数（一维、二维和三维）
初始值	设定数据的初始值

以下是建立 bool 型数据的具体步骤：

① 点击主菜单，选择"程序数据"，进入程序数据界面，点击"视图"，选择"全部数据类型"，如图 3.57 所示。

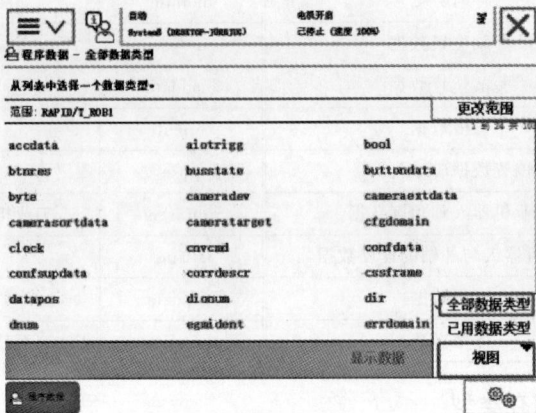

图 3.57 查看全部数据类型

② 双击"bool"，进入 bool 数据管理界面，点击"新建"。

③ 根据实际要求，配置参数、初始值，点击"确定"，如图 3.58 所示。至此，bool 型数据建立完成。

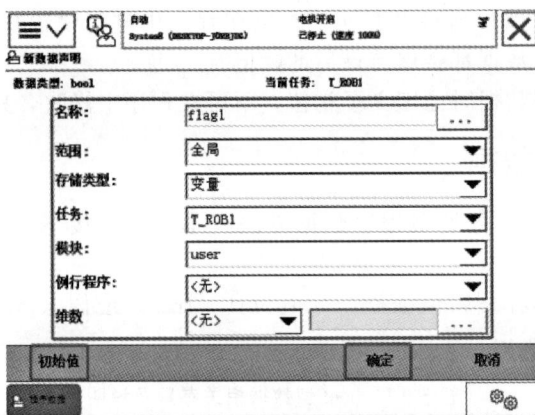

图 3.58 变量参数设置

建立 num、pos、jointtarget、robtarget 型数据的具体步骤与建立 bool 型数据类似。

3.4 工业机器人编程基础

3.4.1 认识任务、程序模块和例行程序

ABB 机器人的程序分为 3 层，程序、例行程序和模块。

按照计算机程序结构理解的话，程序相当于项目，对于一个机器人系统的所有程序内容而言，只需要建立一个程序，不同程序之间的数据不能互通。

例行程序就是子程序，也就是函数，对于一个系统而言，只有一个 main 函数，除了

main 之外，所有子程序之间都可以相互调用。

模块则相当于单元，可以分类管理子程序（函数），例如按照功能或电气机械结构。

在程序界面点击"任务与程序"进入管理界面，如图 3.59 所示。点击文件可以对程序进行新建、加载、另存为、重命名、删除操作。

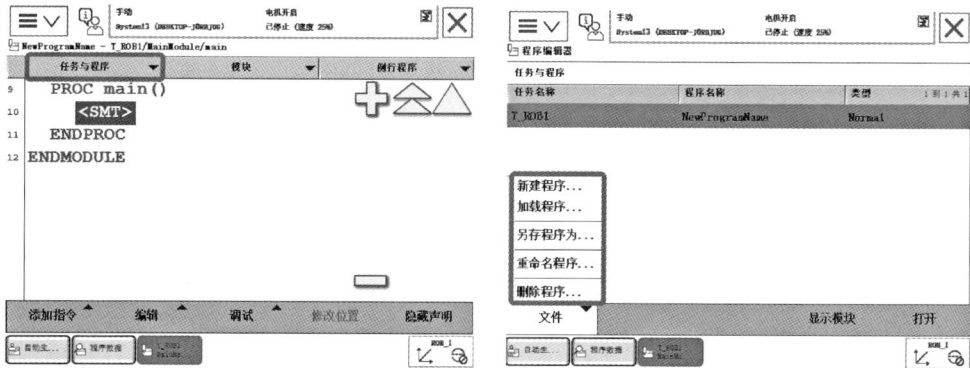

图 3.59　"程序"的管理操作

在程序界面点击"模块"进入管理界面，如图 3.60 所示。在新建程序时会自动生成名称为 Main-Module 的程序模块和名称为 BASE 和 user 的系统模块，其中程序模块用户可以编辑，系统模块不需要编辑。

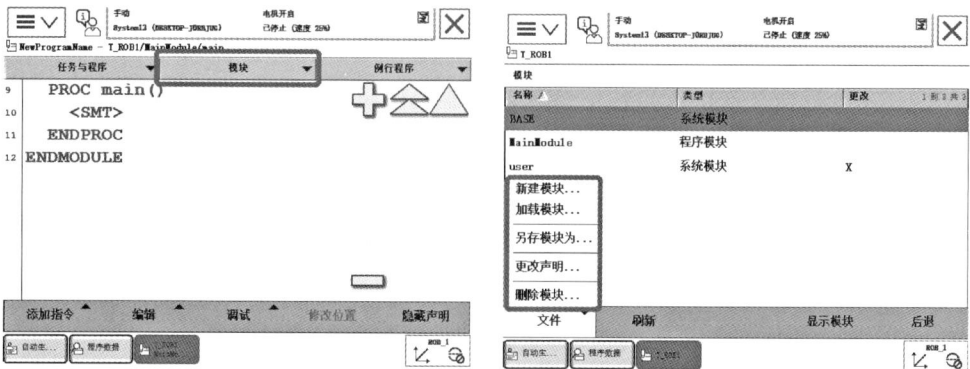

图 3.60　"模块"的管理操作

在程序界面点击"例行程序"进入管理界面，如图 3.61 所示。点击"文件"可以对

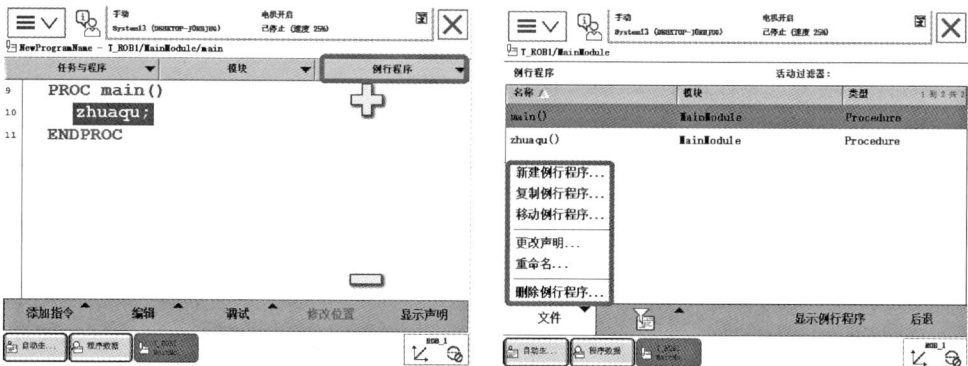

图 3.61　"例行程序"的管理操作

例行程序进行新建、复制、移动、重命名、删除等操作。

3.4.2 工业机器人常用编程指令

RAPID 程序中提供了丰富的编程指令，来满足工业机器人在各种应用场合的要求。常用的编程指令有运动、赋值、I/O 控制、条件判断等指令。

(1) 运动指令

运动指令是机器人实现在空间中运动位置及路径的程序格式。运动轨迹有三种，空间点、直线和圆弧，而实现这些运动轨迹的指令有 4 种，分别为关节运动、线性运动、圆弧运动和绝对位置运动。

① 关节运动指令 关节运动指令（MoveJ）是在对路径精度要求不高的情况下，机器人的工具中心点（TCP）从一个位置移动到另一个位置，两个位置之间的路径不一定是直线，而是由机器人自己规划的一条路径，适用于较大范围的运动。优点是不容易到达机器人的轴极限位置或奇异点。如图 3.62 所示为工业机器人 TCP 从起始点

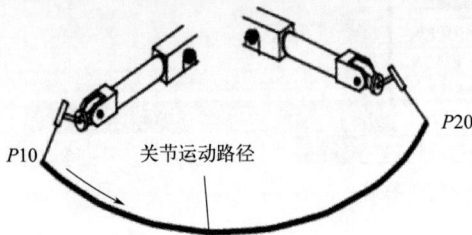

图 3.62 MoveJ 指令运动路径

P10 移动到目标点 P20，其运动轨迹为一条曲线。

指令在程序中的格式如下：

```
MoveJ ToPoint Speed Zone Tool WObj;
```

MoveJ 指令后面是该指令的各项参数，机器人按照各参数的设定值运行，主要参数及说明如表 3.18 所示。

表 3.18 MoveJ 指令主要参数及说明

指令参数	数据类型	参数说明
ToPoint	robtarget	标位置，也就是该点实际记录的位置。位置有两种记录方式。"PXXX"是位置变量，在系统中保存，可以被其他运动指令调用。" * "指的是临时变量，储存位置数据但无法被调用
Speed	speeddata	速度参数，包含 TCP 速度、角速度、外部轴速度、角速度。"V XXX"是系统预设的参数，也可以自己建立速度参数
Zone	zonedata	重定向转角区域。运动过程中姿态变换的过渡区间，可设置转弯半径等参数。"Z XXX"和"fine"是系统预设的参数，也可以自己建立参数
Tool	tooldata	当条指令中工业机器人使用的工具（工具坐标系）
WObj	wobjdata	当条指令中工业机器人所关联的工作对象（工件坐标系）

注：其他还有一些参数可以在更复杂的应用场合使用。

② 线性运动指令 线性运动指令（MoveL）是机器人的 TCP 从起点到终点之间的路径始终保持为直线，如图 3.63 所示，一般如焊接、涂胶等对路径要求高的场合使用此指令。但需要注意，空间直线距离不宜太远，否则容易到达机器人的轴限位或死点。如想获得精确路径，则两点距离较短为宜。

指令在程序中的调用格式如下：

```
MoveL ToPoint Speed Zone Tool WObj;
```

MoveL 指令后面的各项参数与 MoveJ 指令相同。

③ 圆弧运动　圆弧运动指令（MoveC）是在机器人可到达的空间范围内定义三个位置点，第一个点是圆弧的起点，第二个点用于圆弧的曲率控制，第三个点是圆弧的终点，如图 3.64 所示。

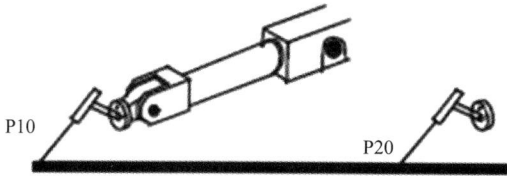

图 3.63　MoveL 指令运动路径

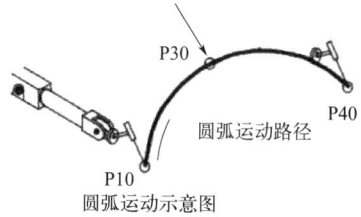

图 3.64　MoveC 指令运动路径

指令在程序中的格式如下所示：

```
MoveC ToPoint1 ToPoint2 Speed Zone Tool WObj;
```

MoveC 指令后面的各项参数与 MoveJ 指令相同。

④ 绝对位置运动指令　绝对位置运动指令（MoveAbsJ）是机器人的运动使用系统中所有轴角度值来定义目标位置数据。绝对位置运动与关节运动的路径规划相似。

指令在程序中的格式如下所示，指令功能为机器人以 MoveAbsJ 的路径规划方式运行到该指令记录的位置。

```
MoveAbsJ ToJointPos Speed Zone Tool WObj;
```

指令中 ToJointPos 指的是目标位置，也就是该点实际记录的位置。位置有两种记录方式。"jpos XXX" 是位置变量，在系统中保存，可以被其他运动指令调用。"＊" 指的是临时变量，储存位置数据但无法被调用。需要注意的是，MoveJ 指令中使用的位置变量是位置型的，记录的位置是以笛卡儿坐标及四元数的形式保存的。而 MoveAbsJ 指令使用的变量则是关节型的，记录的位置是各关节的角度。在实际使用中，MoveAbsJ 到达的位置是固定的关节角度，由于 MoveAbsJ 指令具有不关联坐标系动作的特性，常用于机器人回到特定（如机械零点）的位置，而 MoveJ 到达的位置可能会随工具坐标和工件坐标的变化而变化。使用时可以根据实际情况选择适用的方式，合理规划。

（2）赋值指令

赋值指令用于对程序数据进行赋值，符号为 "：＝"。赋值指令默认具有两个操作数，左边是被操作数（须为变量），右边的是操作数（可以为常量、变量或数学表达式）。赋值指令常见用法如下：

```
Reg1:=6;        // 将常量 6 赋给变量 Reg1
i=i+1;          // 变量 i 增加 1
```

（3）I/O 控制指令

I/O 控制指令用于控制 I/O 信号，实现工业机器人与外部设备的通信。常见的 I/O 控制指令及用法如下：

```
Set do1;        //将数字输出信号 do1 置 1
```

```
Reset do2;          //将数字输出信号 do2 置 0
```

(4) 条件判断指令

条件判断指令用于对条件进行判断，然后执行对应的程序。常见的条件判断指令如下：

① Compact IF 紧凑型条件判断指令是当一个条件满足后就执行一句指令。其用法如下：

```
IF flag=5 Reset do1;          // 如果 flag 等于 5,则将数字输出信号 do1 置 0
```

② IF 条件判断指令是根据不同的条件去执行不同的程序，条件数量应根据实际情况确定。其用法如下：

```
IF num=1 THEN
    Reset do1;
  ELSEIF num=2 THEN
    Set do1;
  ELSEIF num=3 THEN
    Reset do2;
  ELSE num=4 THEN
    Set do2
ENDIF
```

③ FOR 重复执行判断指令用于一句指令或多句指令需要重复执行数次的情况。其用法如下：

```
FORi FROM 1 TO 6 DO          // 该段程序实现的功能是数字输出信号 do1 置高电平 1s,
  Set do1;                   // 置低电平 1s,循环 6 次
  Waittime 1;
  Reset do1;
  Waittime 1;                // 延时 1s
ENDFOR
```

④ WHILE 条件判断指令是在满足给定条件的情况下，一直重复执行对应指令的情况。其用法如下：

```
i=0;                // 设定变量 i 的初值
WHILE i<5 DO        // 满足 i 小于 5 的条件下,i 一直进行加 1 操作
  i=i+1;
ENDWHILE
```

⑤ WAITDI 数字输入信号判断指令用于判断数字输入信号的值是否与目标一致，如果一致，则继续往下执行；如果不一致并达到设定的最大等待时间，则进入报警或出错处理程序。其用法如下：

```
WAITDI di3,1;     // 当数字输入信号 di3 等于 1 时,程序继续往下执行
```

⑥ WAITDO 数字输出信号判断指令用于判断数字输出信号的值是否与目标一致，如果一致，则继续往下执行；如果不一致并达到设定的最大等待时间，则进入报警或出错处理程序。其用法如下：

```
WAITDO do3,0;     // 当数字输入信号 do3 等于 0 时,程序继续往下执行
```

（5）其他常用指令

① WAITTIME　延时指令用来延时操作，单位为 s（秒），常用来延时吸盘气缸等设备，需要在程序中设置相应的延时时间以保证程序流程的正常运行，其用法如下：

```
WAITTIME 5;          // 延时 5s
```

② ProCall　调用例行程序指令用来在指定位置调用例行程序。其用法如下：

```
ProCall zhuaqu;      // 调用 zhuaqu 例行程序
```

③ RETURN　返回例行程序指令用来结束其所在例行程序的执行，并返回调用此例行程序的位置继续往下执行。

```
PROC Routine1()
  Routine2;          // 调用例行程序 Routine2
  Set do3;           // 将数字输出信号 do3 置 1
ENDPROC
PROC Routine2()
  IF di3=1 THEN      // 如果数字输入信号 di3 等于 1,
    RETURN;          // 则返回到 Routine1 调用例行程序 Routine2 的位置
  ELSE
    stop;            // 如果数字输入信号 di3 不等于 1,则程序停止执行
  ENDIF
ENDPROC
```

思考与练习

3-1　ABB 工业机器人示教器主要包含哪些按键？这些按键的主要功能是什么？

3-2　ABB 工业机器人示教器主要有哪些界面？各自的主要功能是什么？

3-3　请对所使用的 ABB 工业机器人进行系统备份。

3-4　DSQC651 标准 I/O 板主要包含哪些接线端子？这些接线端子传输的信号形式分别是什么？

3-5　请完成图 3.65 所示的绘图任务编程。

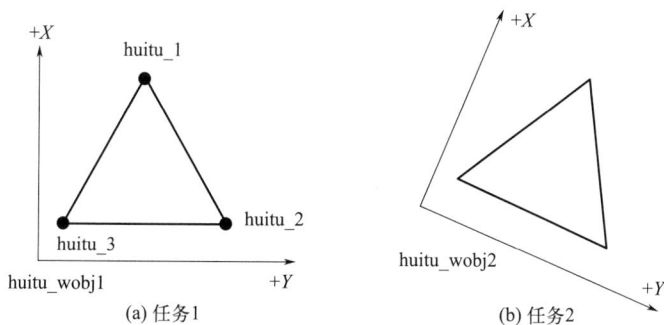

(a) 任务1　　　　　(b) 任务2

图 3.65　绘图任务

第4章

工业机器人离线编程与仿真

知识目标

① 了解工业机器人仿真技术。

② 熟悉RobotStudio软件基本使用方法。

③ 掌握工业机器人仿真工作站的基本操作。

能力目标

① 能够熟练使用RobotStudio软件。

② 能够完成简单工作站的搭建，并针对简单任务完成仿真编程。

4.1 仿真软件 RobotStudio 的认识与安装

4.1.1 工业机器人仿真技术简介

工业机器人仿真技术，是通过计算机对实际的机器人系统进行模拟的技术。工业机器人仿真系统可以在制造单机和生产线产品之前模拟出实物，这不仅可以缩短生产的工期，还可以避免不必要的返工。机器人仿真系统还可以自动分析伸展能力，验证和确认工业机器人在运动过程中是否出现与周边设备发生碰撞的情况，以确保工业机器人离线编程所得出的程序的可用性。此外，机器人仿真系统还可以实现机器人与外部设备的连接，对工业机器人进行有效的监控、程序修改、参数设定、文件传送及备份恢复的操作，使调试与维护工作更便捷。

ABB 工业机器人仿真技术建立在 ABB Virtual Controller（虚拟控制器）上，可以使用 RobotStudio 在电脑中模拟现场生产过程，功能特点如下：

① CAD 导入：可方便地导入各种主流 CAD 格式的数据，包括 IGES、STEP、VRML、VDAFS、ACIS 及 CATIA 等。

② 自动路径生成：通过使用待加工零件的 CAD 模型，仅在数分钟之内便可自动生成跟踪加工曲线所需要的机器人位置（路径）。

③ 程序编辑器：程序编辑器可生成机器人程序，使用户能够在 Windows 环境中离线

开发或维护机器人程序，可显著缩短编程时间、改进程序结构。

④ 路径优化：如果程序包含接近奇异点的机器人动作，RobotStudio 可自动检测出来并报警，从而可以防止机器人在实际运行中发生这种现象。除此之外，RobotStudio 可自动对机器人程序进行优化，以更快的速度执行同样的动作，而无须对编程代码进行任何修改。

⑤ 在线仿真：RobotStudio 可在机器人真正投入使用前进行在线模拟，模拟效果与真实操作台完全一致。

⑥ 碰撞检测：RobotStudio 可以模拟机器人运动轨迹，在轨迹规划中，系统会通过红色线条标出潜在的碰撞区域，将潜在的碰撞风险直观地呈现给用户，从而在实际应用中避开这些风险。

⑦ 3D 可视化：RobotStudio 以 3D 方式展示机器人及周边设备，操作直观简便，可以轻松进行布局优化。

⑧ 参数设定：用户可以设定并修改机器人的运动参数。

⑨ 网络连接：RobotStudio 可以连接多台机器人控制器，方便对多个机器人进行协同操作。

⑩ 可视化编程：通过可视化编程界面，用户可以直观地操作机器人完成各种动作，从而生成机器人的运动代码。

⑪ 二次开发：通过 RobotStudio 的二次开发接口，用户可以开发自己的插件或功能，以满足特定的应用需求。

⑫ 脚本编程：用户可以使用 RobotStudio 内置的脚本语言进行编程，实现自动化、批处理等高级功能。

⑬ 远程监控：RobotStudio 可以连接到远程计算机，实现机器人运行状态的实时监控和远程控制。

⑭ 数据采集：RobotStudio 可以采集机器人的运行数据，例如机器人运动轨迹、工具参数、运行时间等，以供分析和优化机器人程序。

因此，RobotStudio 已经成为机器人领域中不可或缺的工具之一。无论是在机器人研发、调试、培训还是维护过程中，RobotStudio 都可以提供全方位的支持和帮助，使机器人应用的开发更加高效、安全和可靠。

4.1.2　RobotStudio 软件界面介绍

RobotStudio 软件的界面如图 4.1 所示，主要窗口及说明见表 4.1。

表 4.1　数字输入信号 do 的相关参数

编号	窗口	说明
1	功能选项卡	包含建模、仿真、控制器、RAPID 功能等选项卡
2	视图窗口	显示当前工作站
3	工作站导览	构成工作站的所有元素，以树形结构排列在工作站导览界面
4	日志窗口	界面下方为日志窗口，可以查看操作记录和仿真结果等信息
5	状态栏	位于界面的底部，显示当前的状态信息

RobotStudio 软件的功能主要集中在功能选项卡部分，选项卡主要有以下几种：

① 文件选项卡，含创建新工作站、创建新机器人系统、连接到控制器、将工作站另

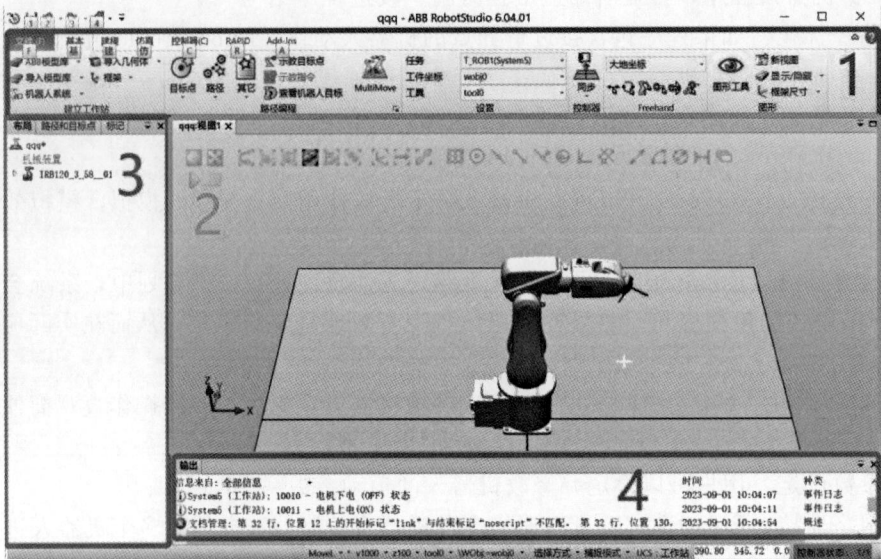

图 4.1 RobotStudio 软件界面表

存为查看器的选项和 RobotStudio 选项，如图 4.2 所示。

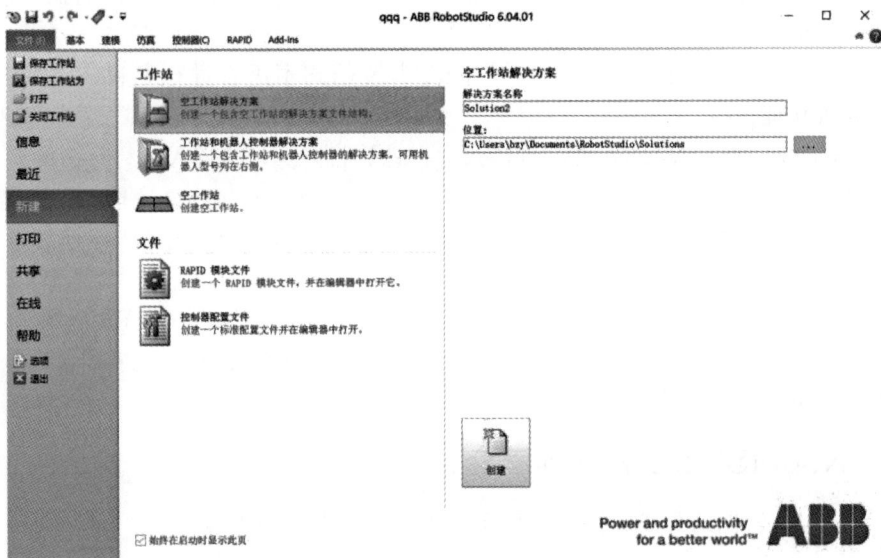

图 4.2 文件选项卡

② 基本选项卡，包含搭建工作站、创建系统、路径编程、设置、控制器和摆放物体所需的控件，如图 4.3 所示。

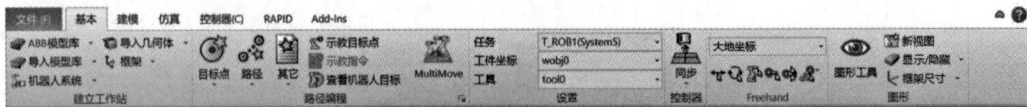

图 4.3 基本选项卡

③ 建模选项卡，包含创建和分组工作站组件、创建模型、测量、机械和其他 CAD 操

控所需的控件，如图 4.4 所示。

图 4.4　建模选项卡

④ 仿真选项卡，包含碰撞监控、仿真控制、监控和记录仿真等所需要的控件，如图 4.5 所示。

图 4.5　仿真选项卡

⑤ 控制器选项卡，包含用于虚拟控制器（VC）的同步、配置和分配给它的任务控制措施，如图 4.6 所示。

图 4.6　控制器选项卡

⑥ RAPID 选项卡，包含 RAPID 编辑器的功能、RAPID 文件的管理以及用于 RAPID 编程的其他控件，如图 4.7 所示。

图 4.7　RAPID 选项卡

⑦ ADD-Ins 选项卡，包含 PowerPacs 和 VSTA 的相关控件，如图 4.8 所示。

图 4.8　ADD-Ins 选项卡

4.2　工业机器人工作站的基本操作

4.2.1　创建工业机器人工作站

创建工业机器人工作站的具体步骤如下：
① 选择"文件"选项卡，选择"新建"，再选择"空工作站"，如图 4.9 所示。
② 选择基本选项卡，点击"ABB 模型库"，选择合适的工业机器人模型并设置机器

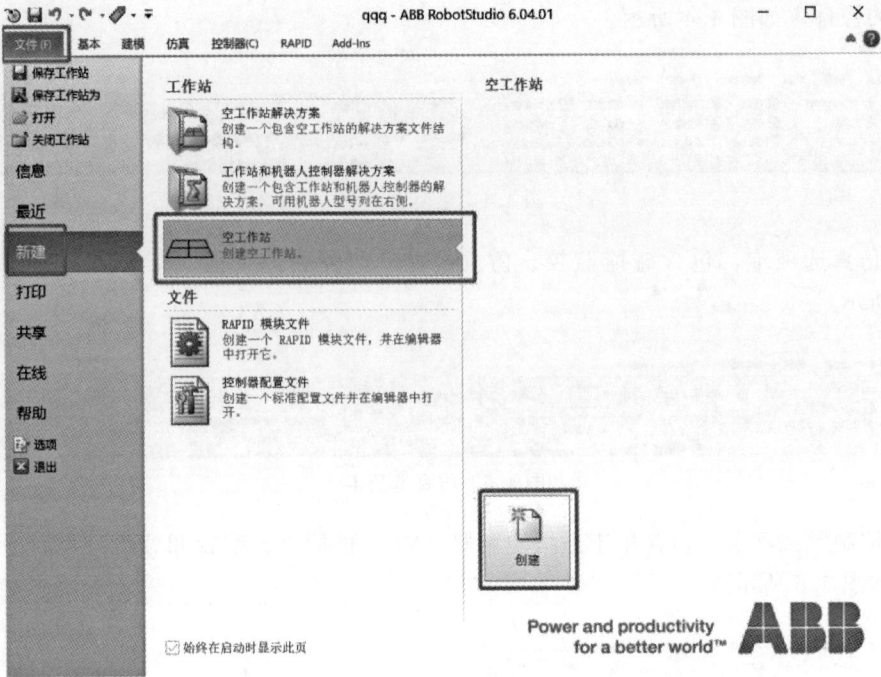

图 4.9 新建空工作站

人相关参数，如图 4.10 所示。

图 4.10 选择工业机器人

③ 导入机器人模型后，点击主视图，通过"Ctrl＋鼠标左键"进行视角平移，通过

"Ctrl＋鼠标右键"进行视角旋转，通过"鼠标滚轮"进行视角缩放。

④ 选择基本选项卡，点击"导入模型库"，选择"用户库"，可添加用户自己创建的模型，选择"设备"，可添加软件自带的模型，如图4.11所示。这里添加模型"myTool""propeller table"。

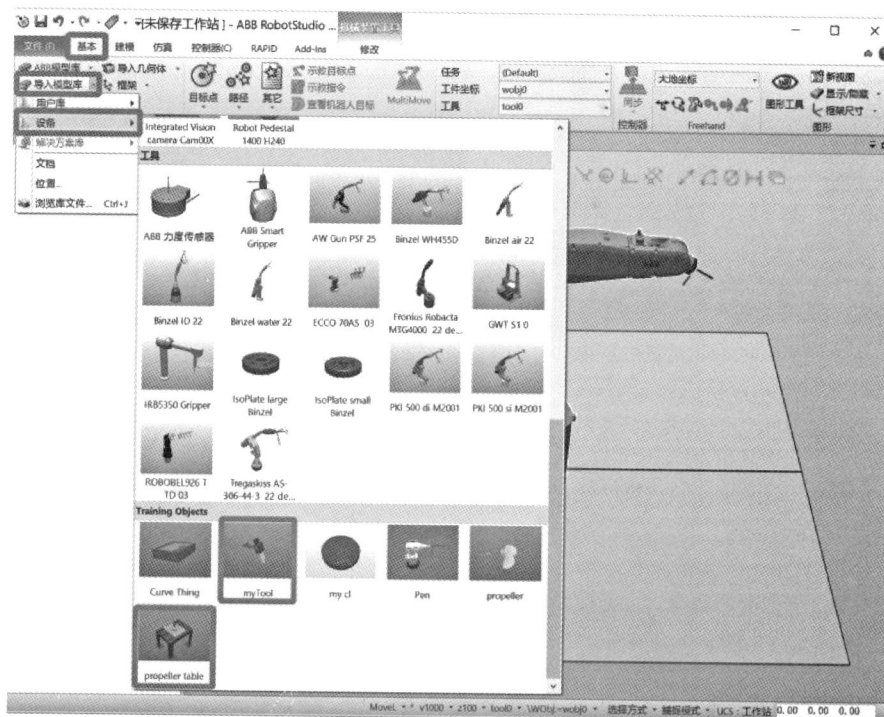

图4.11　添加软件自带工具和工件模型

⑤ 在工作站导览窗口点击"布局"，在导入的"MyTool"上右击，选择"安装到"导入的工业机器人模型上，如图4.12所示。或者长按鼠标左键，将模型"MyTool"拖到

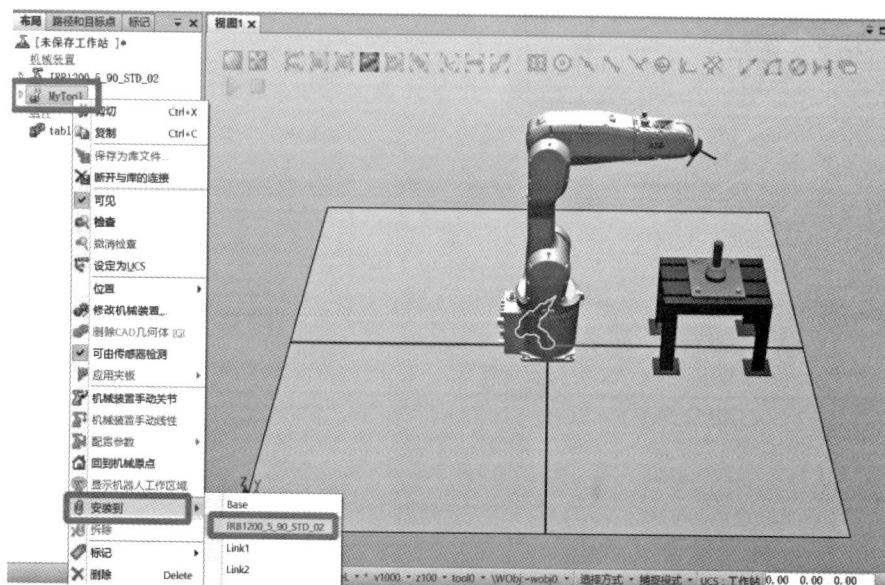

图4.12　将工具安装到工业机器人

机器人模型"IRB1200…"上，然后再更新位置窗口，点击"是"。

⑥ 如要移动模型位置，可以点击"Freehand"的"移动"图标，再从工作站导览窗口点击想要移动的模型，拖动模型上的箭头即可，如图 4.13 所示。将模型放到合适的位置后，工业机器人工作站创建完成。

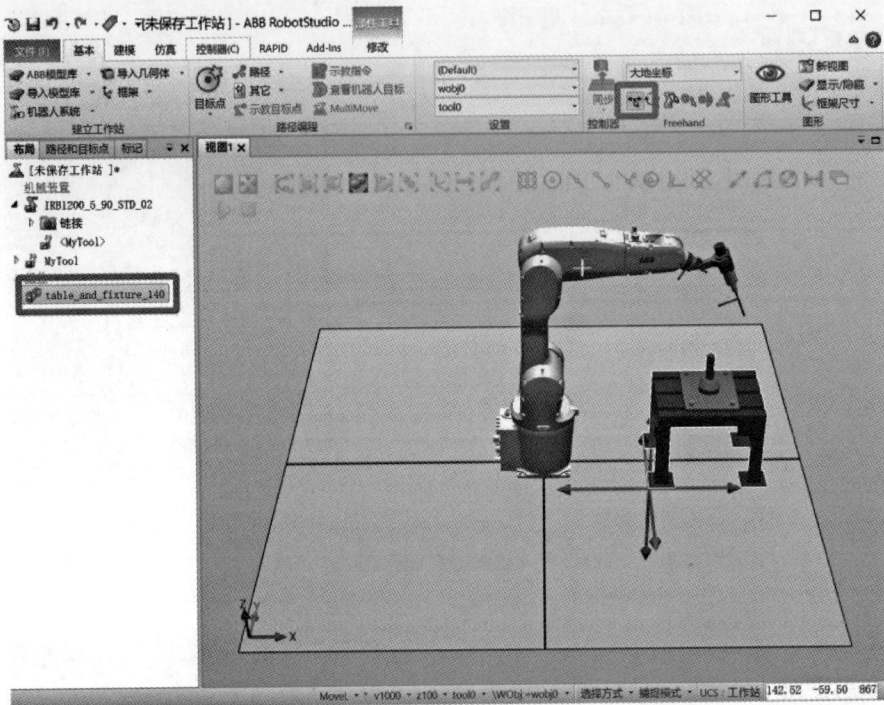

图 4.13 移动工件模型位置

4.2.2 工业机器人系统的建立

建立工业机器人系统的具体步骤如下：

① 选择基本选项卡，点击"机器人系统"，选择"从布局..."；设置好系统的名称与路径（名称和路径须用英文字符），直接点击"完成"即可，如图 4.14 所示。

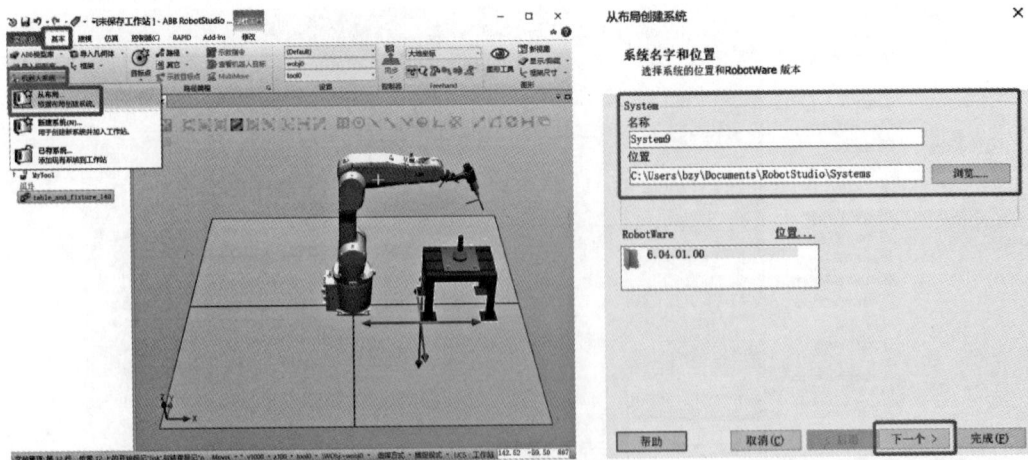

图 4.14 创建机器人系统

② 如右下角"控制器状态"变为绿色，表示系统正确建立完成，如图 4.15 所示。

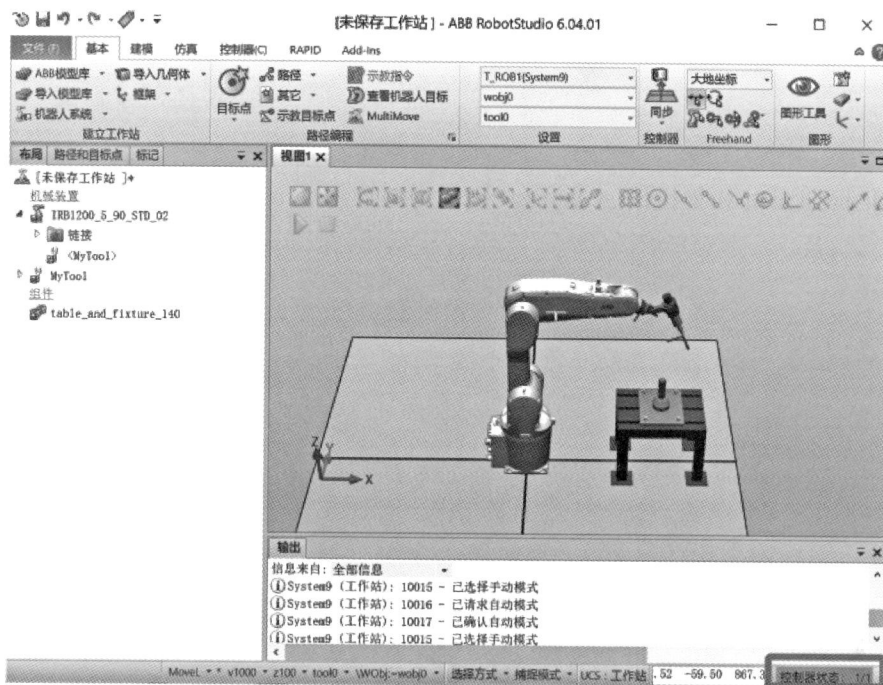

图 4.15 系统建立完成并启动

③ 如果建立完系统后，对模型进行了移动，需要在"控制器"选项卡下，点击"重启"即可，如图 4.16 所示。

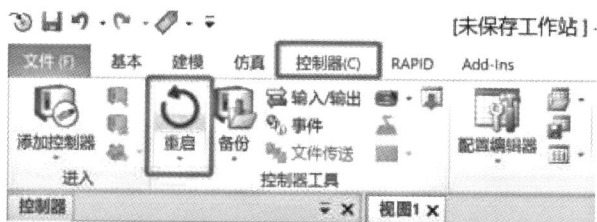

图 4.16 系统重启

4.2.3 仿真环境手动操纵

仿真环境内工业机器人的手动操作说明如下：

① 选择基本选项卡，点击"Freehand"选项组中的"手动关节"，选中想移动的轴，长按鼠标左键移动即可，如图 4.17 所示。

② 工具选择"MyTool"，点击"Freehand"选项组中的"手动运动"，拖动工具模型上的箭头即可线性移动，如图 4.18 所示。

③ 工具选择"MyTool"，点击"Freehand"选项组中的"手动重定位"，拖动工具模型上的箭头即可重定位移动，如图 4.19 所示。

④ 从工作站导览窗口右击机器人模型，选择"机械装置手动关节"或者"机械装置手动线性"，如图 4.20 所示。

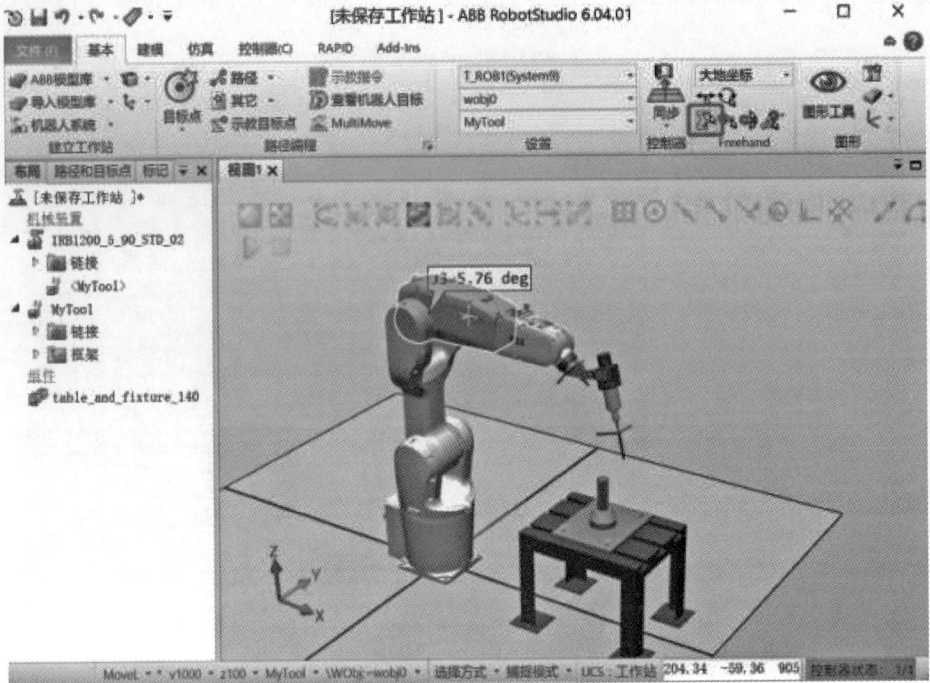

图 4.17 手动单轴操纵

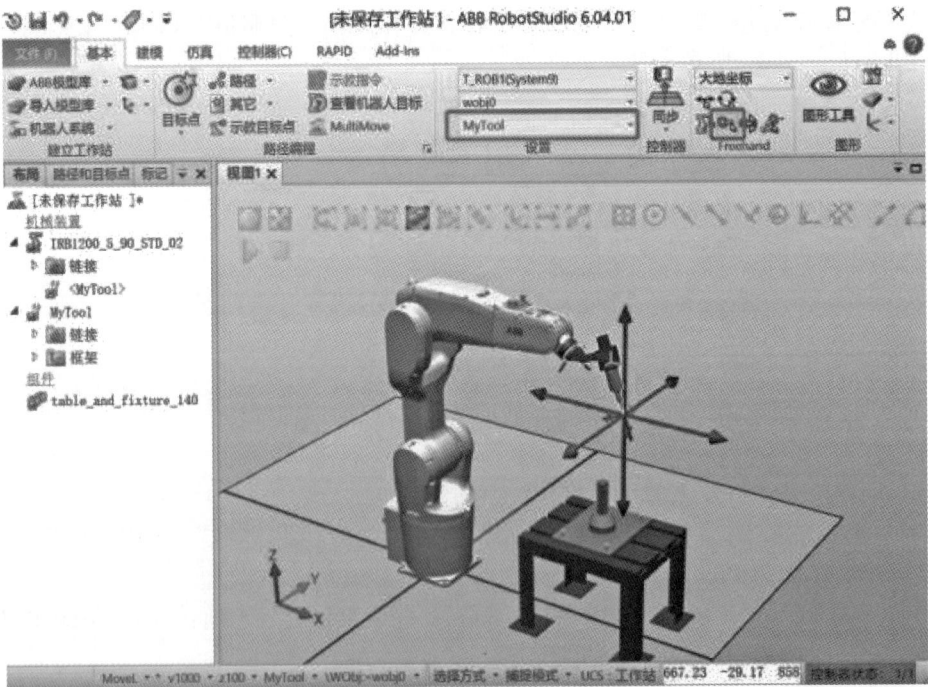

图 4.18 手动线性操纵

⑤ 选择手动关节运动后，拖动滑块进行关节轴运动或者点动右侧按钮进行关节轴点动，6 个横条对应机器人 6 个轴，"Step" 为点动的度数，如图 4.21 所示。

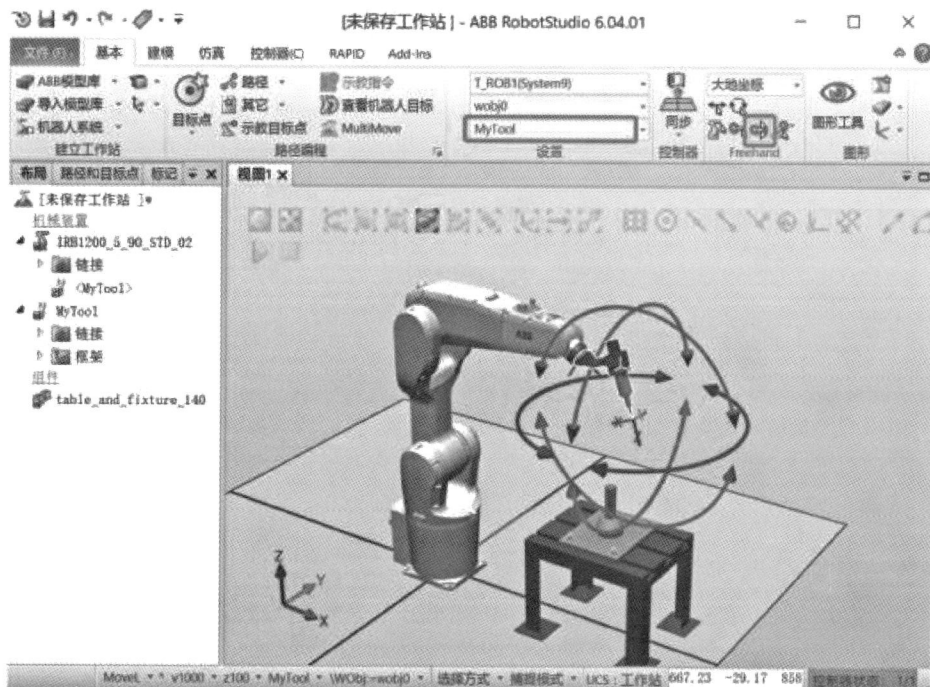

图 4.19　手动重定位操纵

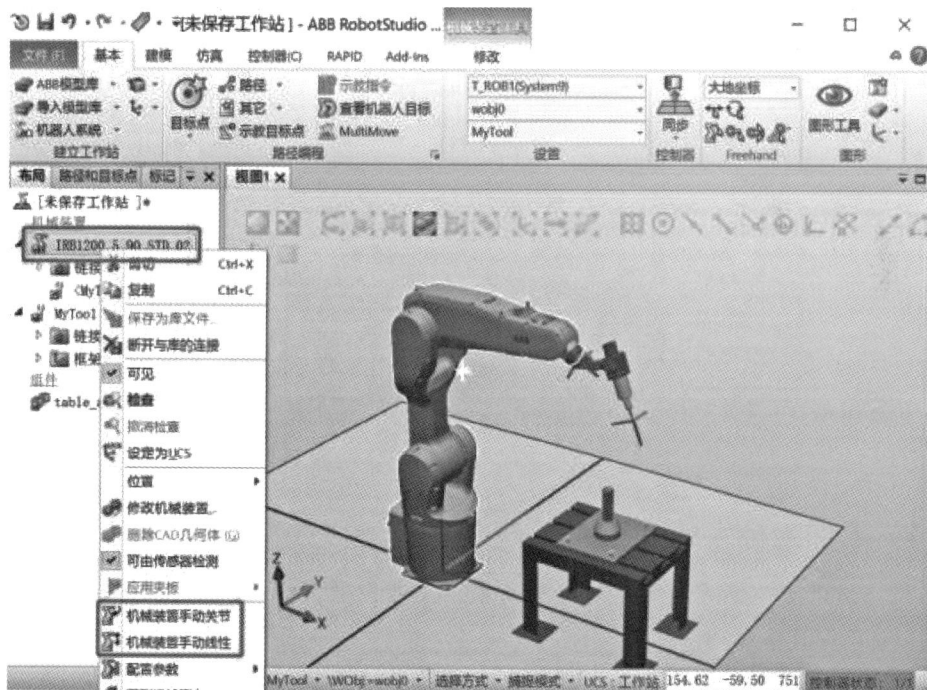

图 4.20　机械装置手动控制

⑥ 选择手动线性运动后，点动右侧按钮进行点动运动，X、Y、Z 用来线性运动，RX、RY、RZ 用来重定位运动，"Step"为点动的距离或角度，如图 4.22 所示。

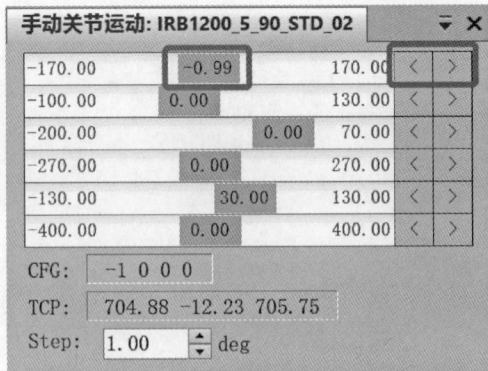

图 4.21　机械装置手动关节控制

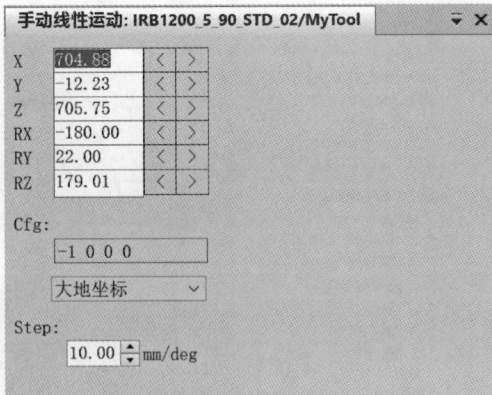

图 4.22　机械装置手动线性控制

⑦ 选择"回到机械原点"，工业机器人回到机械原点，如图 4.23 所示。

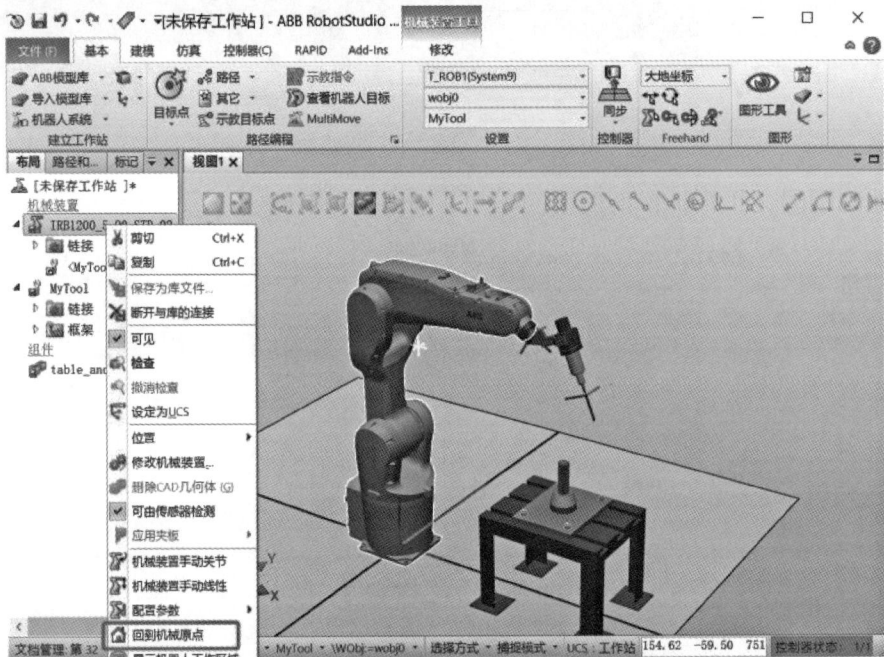

图 4.23　回到机械原点

4.2.4　工件坐标系的建立

RobotStudio 中工件坐标系的定义与真实的工业机器人一样，在 RobotStudio 中建立工件坐标系的操作步骤如下：

① 选择基本选项卡，点击"其它..."，选择"创建工件坐标"，如图 4.24 所示。

② 点击"名称"修改工件坐标名称，点击"取点创建框架"，如图 4.25 所示。

③ 选择"三点"，点击"X 轴上的第一个点"的第一个输入框，按要求选取用户点"X1、X2、Y1"，点击"Accept"，点击"创建"，如图 4.26 所示。

④ 在操作台的台面左下角出现了工件坐标系，如图 4.27 所示。

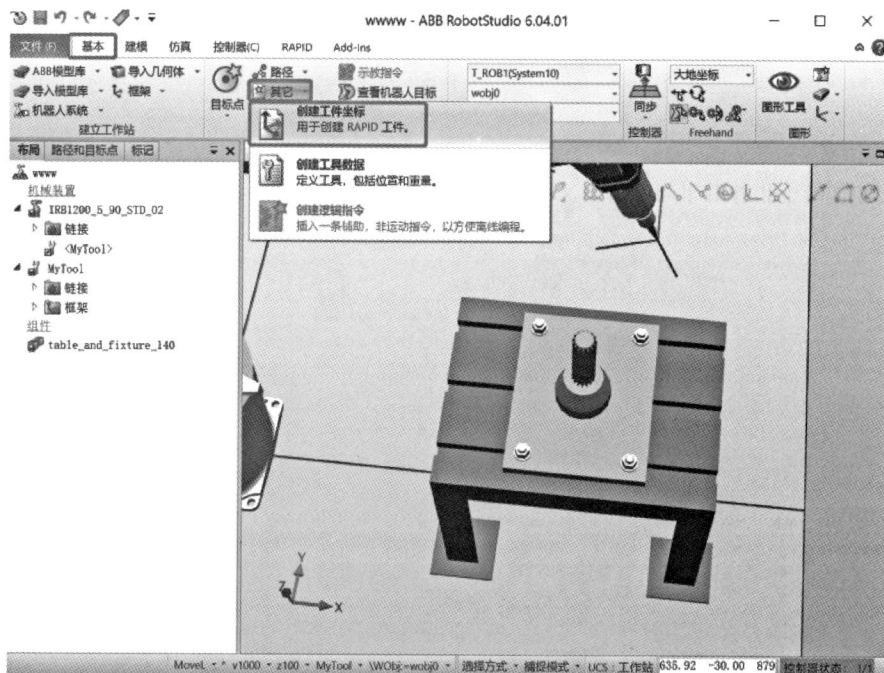

图 4.24　创建工件坐标系选项

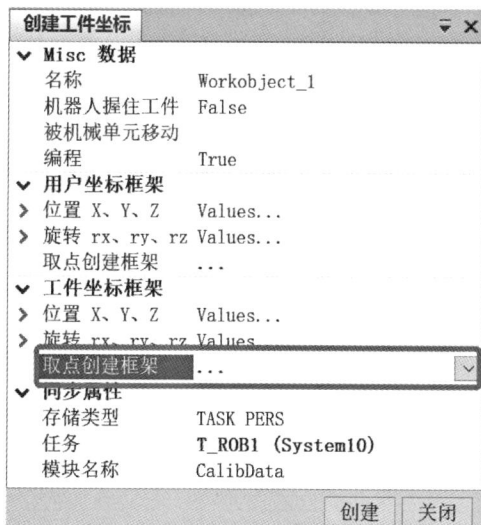

图 4.25　取点创建框架

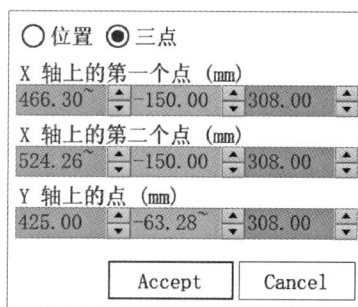

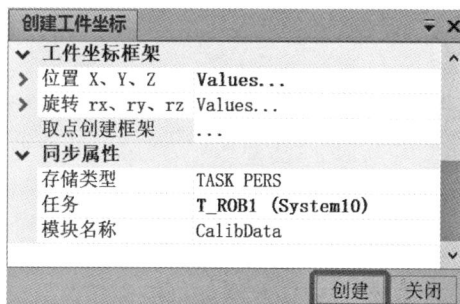

图 4.26　三点法创建工件坐标系

4.2.5　基本工作站运动轨迹程序的创建

在 RobotStudio 中进行轨迹编程的操作步骤如下：

① 选择基本选项卡，点击"路径"，选择"空路径"，在工作站导览窗口的"路径与

图 4.27　仿真环境显示工件坐标系

目标点"下会出现路径"Path_10"，如图 4.28 所示。

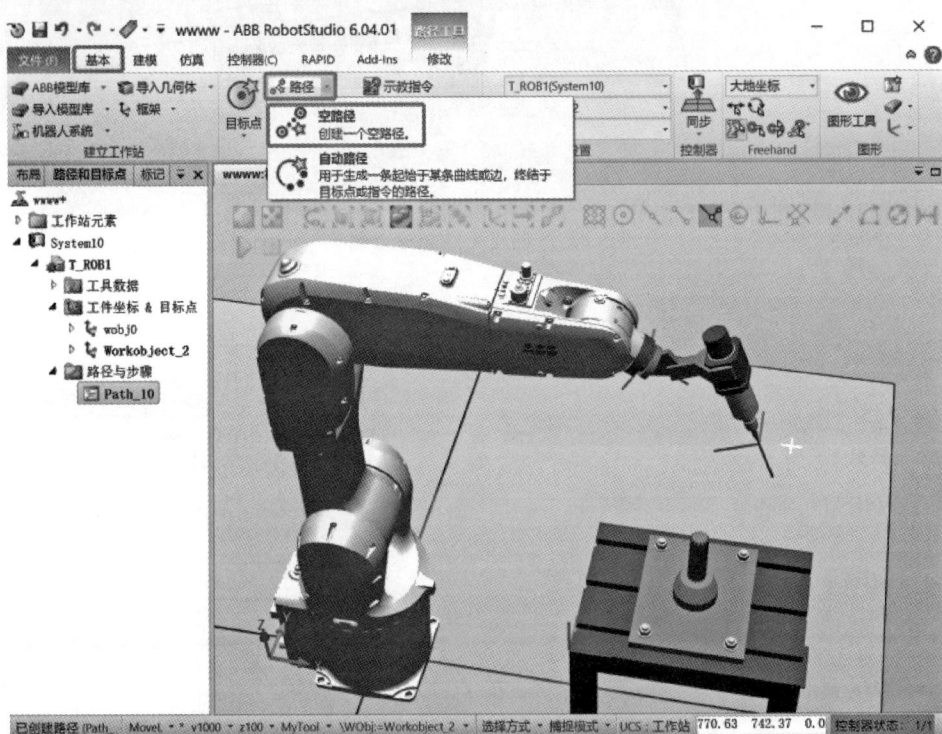

图 4.28　添加空路径

②　从基本选项卡设置功能组可选择工件坐标系和工具，从"Freehand"功能组选择合适的机器人移动方式，将机器人移动到示教位置，点击"示教指令"，在工作站导览窗口的路径"Path_10"下会出现创建的运动指令，如图 4.29 所示。

③　从"Freehand"功能组选择合适的机器人移动方式，将机器人移动到下一个示教位置，点击"示教指令"，在工作站导览窗口的路径"Path_10"下会出现创建的运动指令。继续依次将机器人移动到下一个示教位置，并点击"示教指令"，最终获得完整路径，如图 4.30 所示。

④　在路径"Path_10"上右击，选择"配置参数"下的"自动配置"，"Path_10"上右击，选择"沿着路径运动"，可以检查机器人是否能沿着路径正常运行。配置完成后，

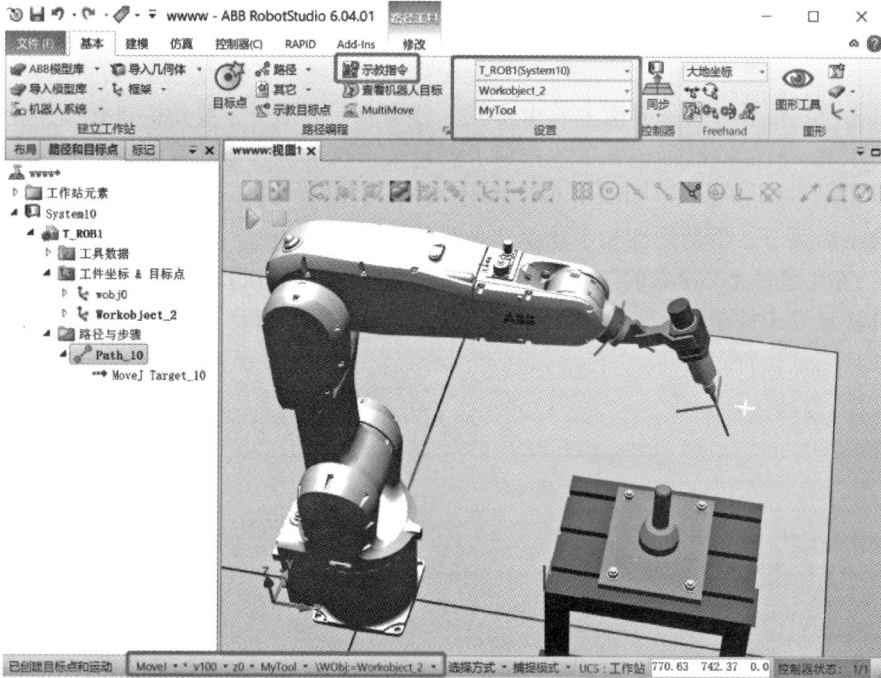

图 4.29　仿真环境示教指令

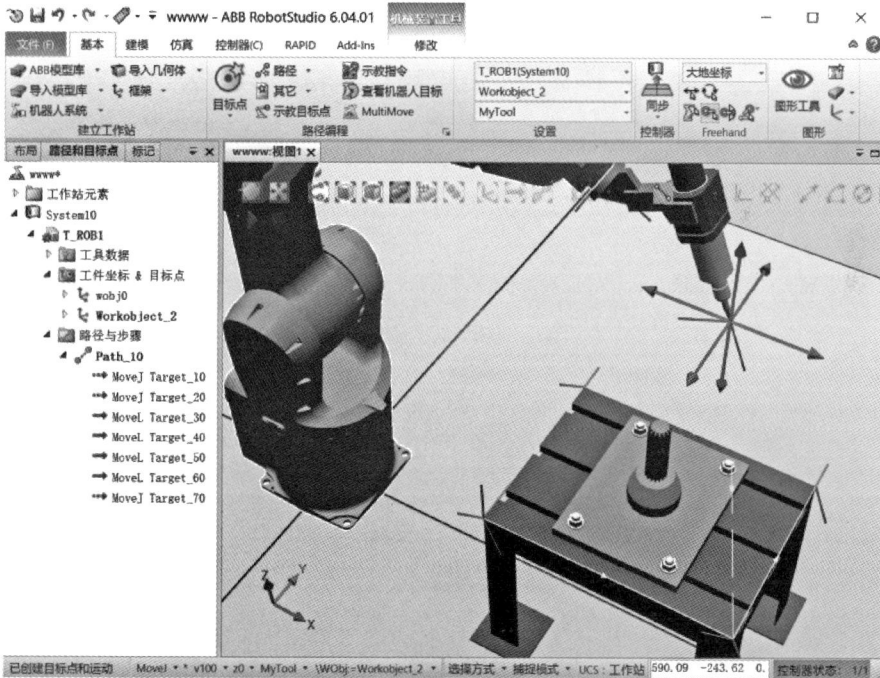

图 4.30　示教完整路径

右击"Path_10"选择"沿着路径运动"即可控制机器人完成完整路径仿真。

在仿真环境中还可以完成自动路径的生成，关于自动路径生成功能的使用见第 12 章，这里不再赘述。

111

思考与练习

4-1 RobotStudio 软件界面主要由哪几部分构成？每部分主要功能是什么？

4-2 RobotStudio 软件包含哪些选项卡？每个选项卡包含哪些主要选项？

4-3 请在 RobotStudio 仿真环境中添加 ABB IRB120 机器人及其控制系统，完成该机器人的手动关节、手动线性和手动重定位控制。

4-4 请在题目 4-3 建立的工作站基础上添加模型"myTool""propeller table"，正确安装工具并建立工件坐标系，完成工业机器人沿 propeller table 外沿运动的完整路径仿真编程，并且调试运行。

第5章

S7-1200 PLC应用基础

知识目标

① 了解S7-1200 PLC，掌握博途软件的基本操作和使用。

② 熟悉S7-1200 PLC常用数据类型，掌握不同数据的存储和访问方法。

能力目标

① 能够熟练使用博途软件。

② 能够编写简单的PLC控制程序并调试运行。

5.1 S7-1200 PLC 简介

PLC（programmable logic controller），可编程逻辑控制器，一种数字运算操作的电子系统，专为在工业环境中应用而设计的。它采用一类可编程的存储器，用于其内部存储程序，执行逻辑运算、顺序控制、定时、计数与算术操作等面向用户的指令，并通过数字或模拟式输入/输出控制各种类型的机械或生产过程，是工业控制的核心部分。

S7-1200 可编程逻辑控制器提供了控制各种设备以满足自动化需要的灵活性和强大功能。S7-1200 设计紧凑、组态灵活且具有功能强大的指令集，这些特点的组合使它成为控制各种应用的完美解决方案。

CPU（中央处理器）将微处理器、集成电源、输入电路和输出电路组合到一个设计紧凑的外壳中以形成功能强大的 PLC。在下载用户程序后，CPU 将包含监控应用中的设备所需的逻辑。CPU 根据用户程序逻辑监视输入并更改输出，用户程序可以包含布尔逻辑、计数、定时、复杂数学运算以及与其他智能设备的通信。

S71200 系列 PLC 的 CPU 外观如图 5.1 所示。CPU提供了一个 PROFINET 端口用于通过 PROFINET 网络通信，还可使用通信模块通过 RS485 或 RS232 网络

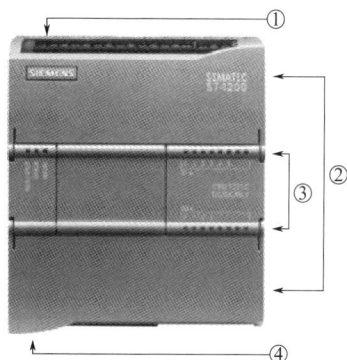

图 5.1 CPU 外观

1—电源连接器；2—可拆卸用户接线连接器；
3—板载 I/O 的状态 LED；4—PROFINET
连接器（CPU 的底部）

通信。

S7-1200 系列 PLC 提供了各种模块和插入式板，用于通过附加 I/O 或其他通信协议来扩展 CPU 的功能。如图 5.2 所示。

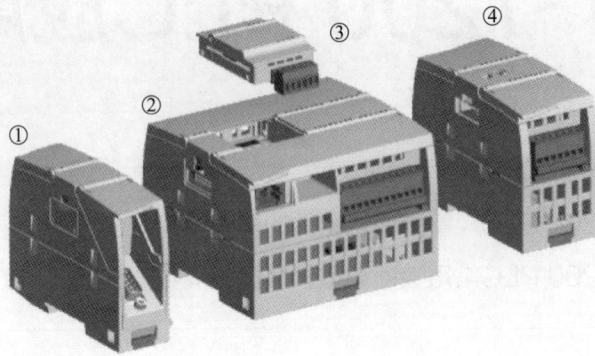

图 5.2 CPU 功能扩展

图 5.2 中各数字表示的模块分别为：

1 为通信模块（CM）或通信处理器（CP）。该模块将增加 CPU 的通信选项，例如 PROFIBUS 或 RS232/RS485 的连接性（适用于 PtP、Modbus 或 USS）或者 AS-i 主站。CP 可以提供其他通信类型的功能，例如通过 GPRS、LTE、IEC、DNP3 或 WDC 网络连接到 CPU。CPU 最多支持三个 CM 或 CP，各 CM 或 CP 连接在 CPU 的左侧（或连接到另一 CM 或 CP 的左侧）。

2 为 CPU。

3 为信号板（SB）、通信板（CB）或电池板（BB）。

CPU 支持一个插入式扩展板。信号板（SB）可为 CPU 提供附加 I/O，SB 连接在 CPU 的前端；通信板（CB）可以为 CPU 增加其他通信端口；电池板（BB）可提供长期的实时时钟备份。

4 为信号模块（SM）。信号模块可以为 CPU 增加其他功能，SM 连接在 CPU 右侧，类型包括数字 I/O、模拟 I/O、RTD 和热电偶、工艺 SM 等。

5.2 博途（TIA Portal）软件简介

TIA 博途是全集成自动化软件 TIA portal 的简称，英文全称是 Totally Integrated Automation Portal，是西门子工业自动化集团发布的一款全新的全集成自动化软件。它是业内首个采用统一的工程组态和软件项目环境的自动化软件，几乎适用于所有自动化任务。借助该全新的工程技术软件平台，用户能够快速、直观地开发和调试自动化系统。TIA 博途作为一切未来软件工程组态包的基础，可对西门子全集成自动化中所涉及的所有自动化和驱动产品进行组态、编程和调试。

5.2.1 博途软件页面及功能

项目视图是有项目组件的结构化视图，使用者可以直接在项目视图中访问所有的编辑器、参数及数据，并进行高效的组态和编程。博途软件项目视图主要划分为 6 个区域，分别为菜单和工具栏、项目树、详细视图、工作区、任务卡和巡检窗口，如图 5.3 所示。

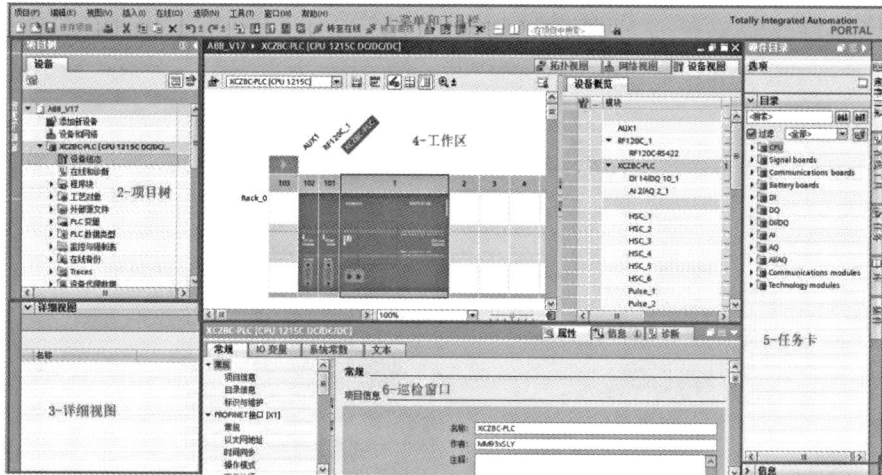

图 5.3　博途项目视图区域划分

项目树：通过项目树可以访问所有的设备和项目数据，也可以在项目树中执行任务，如添加新组件、编辑已存在的组件、打开编辑器和处理项目数据等；

详细视图：详细视图可显示总览窗口或项目树中所选对象的特定内容，如选择项目树中的"PLC 变量表"中的"默认变量表"后，在详细视图中将出现默认变量表中的所有变量；

任务卡：根据已编辑或已选择的对象，在编辑器中可以得到一些任务卡并允许执行一些附件操作，例如，从库中或是硬件目录中选择的对象，将对象拖拽到预订的工作区；

工作区：在工作区可以打开不同的编辑器，并对项目数据进行处理；

巡检窗口：用来显示工作区已选择的对象或是执行操作的附加信息，巡检窗口包含属性、信息、诊断三部分内容。

5.2.2　程序块类型

在 PLC 编程中，程序块是指一组逻辑控制代码，用于实现特定的控制功能。程序块可以分为函数块（FB）、函数（FC）、数据块（DB）和组织块（OB）四种类型。

① 函数块（function block）是 PLC 编程中最常用的程序块类型。它类似于面向对象编程中的类，用于封装特定的控制逻辑，并将其作为一个整体进行调用和重复使用。函数块可以由多个输入和输出组成，它们的功能通常与具体的硬件设备相关。例如，一个函数块可以用来控制一个电机，另一个函数块可以用来实现温度控制。函数块通常由多个网络组成，每个网络包含一个或多个指令，它们共同实现函数块的控制逻辑。一个函数块可以被多个程序或函数调用，这使得程序的编写变得更加高效和简单。

② 函数（function）与函数块非常相似，但它只包含一个网络，通常用于实现简单的控制逻辑。与函数块不同的是，函数没有输入和输出参数，它只是将数据作为参数进行处理，然后返回处理结果。函数通常用于实现一些通用的算法，例如加减乘除、求平方根、三角函数等。

③ 数据块（data block）是 PLC 编程中用于存储和管理数据的程序块类型。数据块可以包含各种数据类型，例如整型、浮点型、字符型等。在程序中，可以通过数据块来读取和写入变量的值。数据块通常用于存储程序的输入、输出、状态等数据，也可以用于存储

程序运行过程中的临时变量。数据块可以在程序块之间共享，如图 5.4 所示，这使得程序的编写变得更加高效和简单。例如，如果多个函数块需要共享一个变量，可以将这个变量定义为一个数据块，并在函数块中引用它。

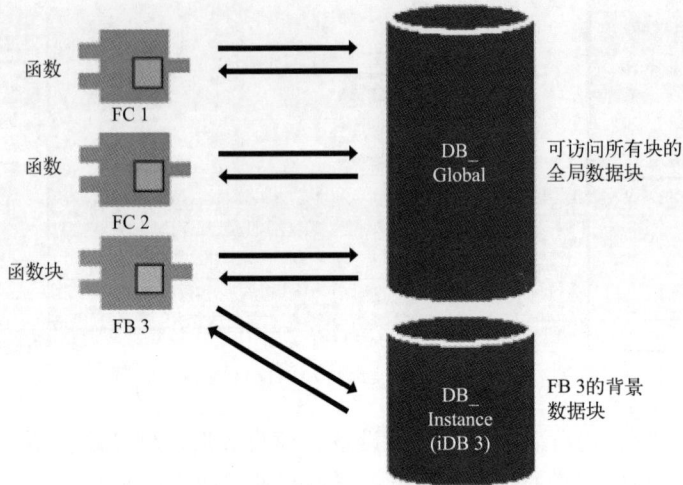

图 5.4　数据块在程序块之间共享

④ 组织块（organization block）是 PLC 编程中用于管理程序运行的程序块类型。组织块可以控制程序的执行顺序、周期、中断等。在程序中，通常需要定义一个或多个组织块来实现程序的运行和控制。

组织块通常由多个网络组成，每个网络包含一个或多个指令，它们共同实现组织块的控制逻辑。组织块可以被编译成 PLC 的内部指令，以便在 PLC 运行时进行执行。在程序中，通常需要将组织块与输入和输出绑定，以便实现程序的运行和控制。在 PLC 编程中，组织块可以分为多种类型，例如主程序（main program）、子程序（subroutine）、中断（interrupt）、异常（exception）等。每种类型的组织块都有其独特的用途和应用场景，可以根据需要选择适合的类型。

在 PLC 编程中，程序块是实现控制逻辑的基本单元。程序块可以分为函数块、函数、数据块和组织块四种类型。函数块和函数用于实现控制逻辑，数据块用于存储和管理数据，组织块用于管理程序的执行顺序、周期、中断等。

程序块的使用可以使 PLC 程序的编写变得更加高效和简单。通过使用程序块，可以将复杂的控制逻辑封装为一个整体，实现代码的重复使用和共享。程序块也可以提高程序的可读性和可维护性，降低程序的出错率。

5.2.3　S7-1200 编程语言

为了规范 PLC 的编程语言，国际电工委员会（International Electrotechnical Commission）起草并颁布了工业自动化领域编程语言的标准（IEC 61131-3），制定了五种在工控领域使用的语言，包括图形式语言和文本式语言。图形式语言包括：梯形图（ladder diagram，LAD）、功能块图（function block diagram，FBD）和顺序功能图（sequential function chart，SFC）。文本式语言包括：指令表（instruction list，IL）和结构化文本（strutured text，ST）。

IEC 61131-3 语言标准颁布后，各大 PLC 厂家纷纷表示支持，对自己的产品进行了修正，表 5.1 所示是西门子公司 S7 产品编程语言与 IEC 61131-3 语言标准的对应关系。

表 5.1　S7 产品编程语言与 IEC 61131-3 语言标准对应关系

IEC 61131-3 语言	SIMATIC S7 编程语言
IL	STEP7(STL)
ST	S7-SCL
LD	STEP7(LAD)
FBD	STEP7(FBD)
SFC	S7-GRAPH

（1）梯形图（LAD）

在各种 PLC 的编程语言中，使用最多的是梯形图（ladder diagram，LAD）语言。图 5.5 是一个简单的梯形图代码，梯形图是从早期继电器控制系统原理图演变而来，与继电器电路图相似，直观易懂，保留了继电器电路图的风格和习惯，能流只能从左至右流动，是熟悉继电器控制系统人员最容易接受和使用的语言。

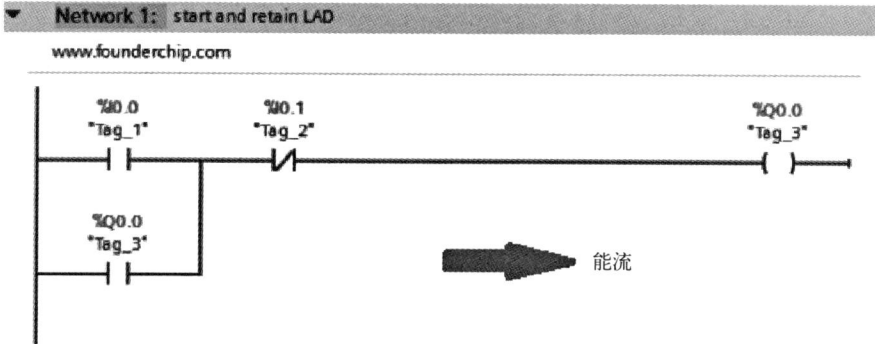

图 5.5　梯形图（LAD）编程

（2）功能块图（FBD）

使用数字电路的逻辑符号（"与""或""非"）来表达控制逻辑，在编写大型复杂系统的时候也能保证逻辑清晰，图 5.6 是功能块图（FBD）的简单示例。

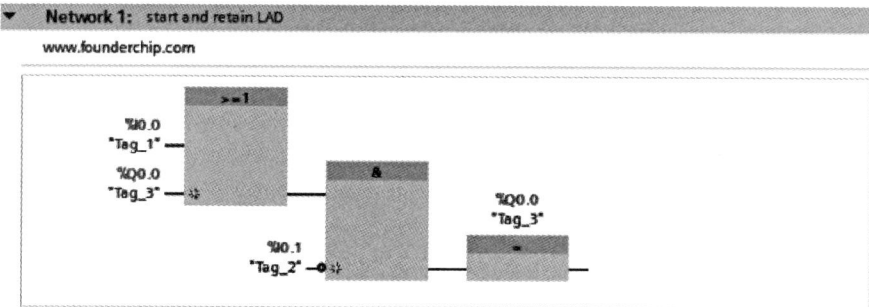

图 5.6　功能块图（FBD）程序示例

（3）结构化文本（SCL）

结构化文本（strutured text，ST）编程语言，在西门子 PLC 编程中称为 SCL（structure control language），图 5.7 是 SCL 程序代码示例。SCL 的语法类似 VB

（PASCAL）等高级语言，接近人类的思维方式，程序的可读性很强。在西门子 Step7 5.x 平台下可以使用插入源文件的方式进行编程，在博途平台下可以直接编写。

```
1  "R_TRIG_DB"(CLK:="DB_RB_CMD".机器人命令.RFID指令=10);
2  IF "R_TRIG_DB".Q AND 0 <"DB_RB_CMD".机器人命令.RFID_STEPNO AND 5> "DB_RB_CMD".机器人命令.RFID_STEP!
3      FOR "rfid 数据".C :=0 TO 27 DO
4          "rfid 数据".write[("DB_RB_CMD".机器人命令.RFID_STEPNO - 1) * 28 + "rfid 数据".C] :="DB_RB_(
5
6      END_FOR;
7
8  ELSIF "Read_DB".DONE AND 0<"DB_RB_CMD".机器人命令.RFID_STEPNO AND 5> "DB_RB_CMD".机器人命令.RFID_S!
9      FOR "rfid 数据".C :=0 TO 27 DO
10     "DB_PLC_STATUS".PLC状态.RFID读取信息["rfid 数据".C] := "rfid 数据".read[("DB_RB_CMD".机器人命令
11     END_FOR;
12
13 END_IF;
```

图 5.7　结构化文本（SCL）程序示例

（4）指令表（STL）

指令表（STL）类似于汇编语言，对编程人员要求较高，需要熟悉 PLC 内部的各种寄存器、状态字等等，需要熟悉各种指令，并清楚某指令执行后会对哪些寄存器产生影响。指令表（STL）编写的程序可读性相对较低，但其执行效率在所有的语言中是最高的，图 5.8 为指令表（STL）程序示例。

Network 1:	input handling		
Comment			
1	A	"T_ON"	%I0.0
2	AN	"T_OFF"	%I0.1
3	FP	"M_FP_Start_ON"	%M20.1
4	S	"Start_ONOFF"	%M1.0
5	A	"T_OFF"	%I0.1
6	R	"Start_ONOFF"	%M1.0
7			

Network 2:	conveyor go right		
Comment			
1	A	"T_Right"	%I0.2
2	AN	"T_Left"	%I0.3
3	=	"Conv_Right_Manual"	%M1.1
4			

图 5.8　指令表（STL）程序示例

以上编程语言均可用于 S7-1200 系列 PLC 编程，其中 LAD 和 FBD 语言可以互相切换。

5.2.4　数据存储区、I/O 和寻址

（1）访问 S7-1200 的数据

用户为数据地址创建符号名称或变量，作为与存储器地址和 I/O 点相关的 PLC 变量或在代码块中使用的局部变量要在用户程序中使用，需要输入指令参数的变量名称。CPU 提供了以下几个选项，用于在执行用户程序期间存储数据：

① 全局储存器：CPU 提供了各种专用存储区，其中包括输入（I）、输出（Q）和位存储器（M），所有代码块可以无限制地访问该储存器。

② PLC 变量表：在 STEP 7 PLC 变量表中，可以输入特定存储单元的符号名称。这些变量在 STEP 7 程序中为全局变量，并允许用户使用应用程序中有具体含义的名称进行命名。

③ 数据块（DB）：可在用户程序中加入 DB 以存储代码块的数据。从相关代码块开始执行一直到结束，存储的数据始终存在。全局 DB 存储所有代码块均可使用的数据，而背景 DB 存储特定 FB 的数据并且由 FB 的参数进行构造。

④ 临时存储器：只要调用代码块，CPU 的操作系统就会分配要在执行块期间使用的临时或本地存储器（L）。代码块执行完后，CPU 将重新分配本地存储器，以用于执行其他代码块。

每个存储单元都有一个唯一地址。用户程序利用这些地址访问存储单元中的信息。对输入（I）或输出（Q）存储区（例如 I0.3 或 Q1.7）的引用会访问过程映像。要立即访问物理输入或输出，请在引用后面添加“:P”（例如，I0.3:P、Q1.7:P 或“Stop:P”）。

每个存储单元都有一个唯一地址。用户程序利用这些地址访问存储单元中的信息。绝对地址由以下元素组成：存储区标识符（如 I、Q 或 M）；要访问的数据的大小（“B”表示 Byte、“W”表示 Word 或“D”表示 DWord）；数据的起始地址（如字节 3 或字 3）。

当访问地址中的某个位来获取布尔值时，请输入数据对应的存储区、字节单元和位单元。例如 M3.4，存储区和字节地址（M 代表位存储区，3 代表 Byte 3）通过后面的句点（“.”）与位地址（位 4）分隔。

（2）访问 CPU 存储区中的数据

通常，可在 PLC 变量表、数据块中创建变量，也可在 OB、FC 或 FB 的接口中创建变量。这些变量包括名称、数据类型、偏移量和注释。此外，在数据块中还可设定起始值。在编程时，通过在指令参数中输入变量名称，可以使用这些变量，也可以选择在指令参数中输入绝对操作数（存储区、大小和偏移量）。

① 过程映像输入 I　CPU 仅在每个扫描周期的循环 OB 执行之前对外围（物理）输入点进行采样，并将这些值写入到输入过程映像。可以按位、字节、字或双字访问输入过程映像，寻址方式如表 5.2 所示。允许对过程映像输入进行读写访问，但过程映像输入通常为只读。

表 5.2　I 存储器的绝对地址

数据存储单位	寻址方式	示例
位	I[字节地址].[位地址]	I0.1
字节、字或双字	I[大小][起始字节地址]	IB4、IW5 或 ID12

② 过程映像输出 Q　CPU 将存储在输出过程映像中的值复制到物理输出点。可以按位、字节、字或双字访问输出过程映像，寻址方式如表 5.3 所示。过程映像输出允许读访问和写访问。

表 5.3　Q 存储器的绝对地址

数据存储单位	寻址方式	示例
位	Q[字节地址].[位地址]	Q0.1
字节、字或双字	Q[大小][起始字节地址]	QB8、QW10 或 QD40

③ 位存储区 M　针对控制继电器及数据的位存储区（M 存储器）用于存储操作的中间状态或其他控制信息。可以按位、字节、字或双字访问位存储区，寻址方式如表 5.4 所示。M 存储器允许读访问和写访问。

表 5.4 M 存储器的绝对地址

数据存储单位	寻址方式	示例
位	M[字节地址].[位地址]	M26.1
字节、字或双字	M[大小][起始字节地址]	MB20、MW30 或 MD100

④ 临时存储器 CPU 根据需要分配临时存储器。启动代码块（对于 OB）或调用代码块（对于 FC 或 FB）时，CPU 将为代码块分配临时存储器并将存储单元初始化为 0。临时存储器与 M 存储器类似，但有一个主要的区别：M 存储器在"全局"范围内有效，而临时存储器在"局部"范围内有效：

- M 存储器：任何 OB、FC 或 FB 都可以访问 M 存储器中的数据，也就是说这些数据可以全局性地用于用户程序中的所有元素。
- 临时存储器：CPU 限定只有创建或声明了临时存储单元的 OB、FC 或 FB 才可以访问临时存储器中的数据。

临时存储单元是局部有效的，并且其他代码块不会共享临时存储器，即使在代码块调用其他代码块时也是如此。例如：当 OB 调用 FC 时，FC 无法访问对其进行调用的 OB 的临时存储器。只能通过符号寻址的方式访问临时存储器。

⑤ 数据块 DB DB 存储器用于存储各种类型的数据，其中包括操作的中间状态或 FB 的其他控制信息参数，以及许多指令（如定时器和计数器）所需的数据结构。可以按位、字节、字或双字访问数据块存储器，寻址方式如表 5.5 所示。读/写数据块允许读访问和写访问，只读数据块只允许读访问。

表 5.5 DB 存储器的绝对地址

数据存储单位	寻址方式	示例
位	DB[数据块编号].DBX[字节地址].[位地址]	DB1.DBX2.3
字节、字或双字	DB[数据块编号].DB[大小].[起始字节地址]	DB1.DBB4、DB10.DBW2 或 DB20.DBD8

5.2.5 常用数据类型

数据类型用于指定数据元素的大小以及如何解释数据。每个指令参数至少支持一种数据类型，而有些参数支持多种数据类型。将光标停在指令的参数域上方，便可看到给定参数所支持的数据类型。

形参是指令上标记该指令要使用的数据位置的标识符（例如：ADD 指令的 IN1 输入）；实参是包含指令要使用的数据的存储单元（含"%"字符前缀）或常量（例如%MD400）。用户指定的实参的数据类型必须与指令指定的形参所支持的数据类型之一匹配。指定实参时，必须指定变量（符号）或者绝对（直接）存储器地址。变量将符号名（变量名）与数据类型、存储区、存储器偏移量和注释关联在一起，并且可以在 PLC 变量编辑器或块（OB、FC、FB 和 DB）的接口编辑器中进行创建。如果输入一个没有关联变量的绝对地址，使用的地址大小必须与所支持的数据类型相匹配，而默认变量将在输入时创建。

(1) 位和位序列数据类型

位和位序列数据类型包括 Bool（布尔或位值）、Byte（字节）、Word（字）和 DWord（双字）数据类型，各数据类型说明及示例如表 5.6 所示。

表 5.6　位和位序列数据类型

数据类型	位数	数值范围	常数示例	地址示例
Bool	1	FALSE 或 TRUE	TRUE、2#0、16#1	I1.0、Q0.1、M50.7、DB1.DBX2.3
Byte	8	0～255 或 −128～+127	2#10001001、15、8#17	IB2、MB10、DB1.DBB4
Word	16	0～65535 或 −32768～+32767	61680、16#A67B	MW10、DB1.DBW2
DWord	32	0～4294967295 或 −2147483647～+2147483647	16#0F12A67B	MD10、DB1.DBD8

（2）整数数据类型

整数数据类型包括 USInt（无符号 8 位整数）、SInt（有符号 8 位整数）、UInt（无符号 16 位整数）、Int（有符号 16 位整数）、UDInt（无符号 32 位整数）、DInt（有符号 32 位整数）。其中 U 表示无符号，S 表示短，D 表示双，各数据类型说明及示例如表 5.7 所示。

表 5.7　整数数据类型

数据类型	位数	数值范围	常数示例	地址示例
USInt	8	0～255	78	MB10
SInt	8	−128～+127	−50,16#50	DB1.DBB4
UInt	16	0～65535	65295,16#153C	MW2
Int	16	−32,768～32,767	+3000	DB1.DBW2
UDInt	32	0～4,294,967,295	4043211260	MD20
DInt	32	−2,147,483,648～2,147,483,647	−2135713992	DB1.DBD8

（3）浮点型实数数据类型

实（或浮点）数用 32 位单精度数（Real）或 64 位双精度数（LReal）表示。单精度浮点数的精度最高为 6 位有效数字，而双精度浮点数的精度最高为 15 位有效数字。在输入浮点常数时，最多可以指定 6 位（Real）或 15 位（LReal）有效数字来保持精度，各数据类型说明及示例如表 5.8 所示。

表 5.8　浮点型实数数据类型

数据类型	位数	常数示例	地址示例
Real	32	123.456、−3.4、1.0e−5	MD100、DB1.DBD8
LReal	64	12345.123456789e40、1.2E+40	DB_name.var_name 规则：①不支持直接寻址；②可在 OB、FB 或 FC 块接口数组中进行分配

（4）字符和字符串数据类型

字符和字符串数据类型包括字符（Char）、宽字符（WChar）、字符串（String）和宽字符串（WString），各数据类型说明及示例如表 5.9 所示。

表 5.9　字符和字符串数据类型

数据类型	位数	数值范围	常数示例
Char	8	16#00 到 16#FF	'A'、't'、'@'

数据类型	位数	数值范围	常数示例
WChar	8	16#0000 到 16#FFFF	'A'、't'、'@'、亚洲字符、西里尔字符以及其他字符
String	n+2 字节	n=（0 到 254 字节）	"ABC"
WString	n+2 个字	n=（0 到 65534 个字）	"a123@XYZ.COM"

Char 在存储器中占一个字节，可以存储以 ASCII 格式（包括扩展 ASCII 字符代码）编码的单个字符。WChar 在存储器中占一个字的空间，可包含任意双字节字符表示形式的内容。

除上述常用数据类型外，还包括时间和日期数据类型、结构数据类型（Struct）、指针数据类型等可用数据类型。

思考与练习

5-1 S7-1200 PLC 程序块主要有哪几种类型？区别是什么？

5-2 S7-1200 PLC 常用数据类型有哪些？

第6章

工业机器人故障诊断与维护保养

知识目标

① 熟悉ABB工业机器人安全保护机制。

② 熟悉工业机器人常见故障类型，了解机器人日常保养方法。

能力目标

① 能够利用工业机器人故障手册，处理机器人常见故障。

② 能够对工业机器人进行日常维护与保养。

6.1 ABB机器人的安全保护机制

机器人控制器有四个独立的安全保护机制，分别为常规停止（general stop，GS）、自动停止（auto stop，AS）、上级停止（superior stop，SS）、紧急停止（emergency stop，ES），如表6.1所示。

表 6.1　ABB机器人安全保护机制

安全保护	保护机制
GS	在任何模式下均有效，在自动和手动模式下都有效，主要由安全设备激活，例如光栅、安全光幕、安全垫等
AS	在自动模式下有效，用于在自动程序执行过程中被外在检测装置激活的安全机制，如门互锁开关、光束等
SS	在任何模式下均有效（不适用于1RC5 Compact紧凑型），具有一般停止的功能，但是主要用于外部设备的连接
ES	无论机器人处于何种状态，一旦紧急信号激活，机器人将立即处于停止状态，且在报警没有消除的状态下，机器人无法启动。紧急停止需要在很紧急情况下才能使用，不正确的使用紧急停止可能会减少机器人的使用寿命

以 IRB120 机器人为例，该采用 IRC5 型紧凑型控制器，安全面板接口如图 6.1 所示，用户外接安全控制回路主要是基于 X1、X2、X5、X6 这四个端子排。

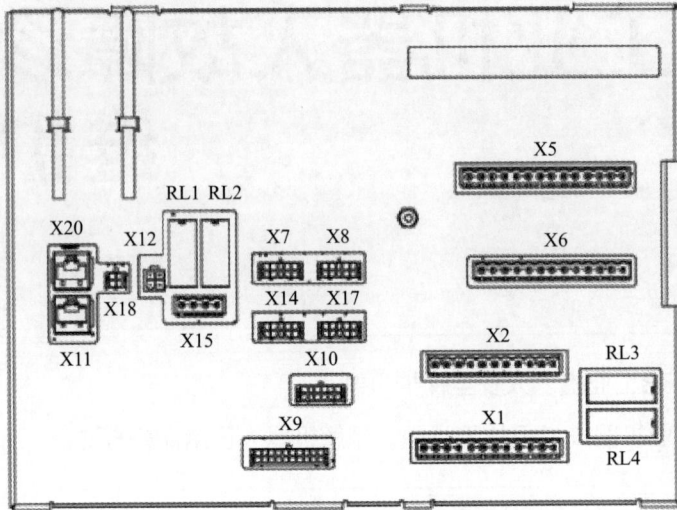

图 6.1 IRB120 机器人安全面板

其中，X1、X2 用于紧急停止回路；X5 用于常规停止、自动停止回路；X6 用于上级停止回路。

X1、X2、X5、X6 端子上面出厂默认装有短接片，按照实际需求跳接对应的短接片，即可将安全控制回路接引到外部的按钮、光栅或其他安全装置上。以紧急停止回路为例，机器人紧急停止回路需要在 X1、X2 端子上面跳接，而且采用的是双回路控制，例如利用双常闭触点的紧急停止按钮作为外部急停控制，紧急停止（ES）控制原理图如图 6.2 所示，图 6.2 中各部分功能如表 6.2 所示。

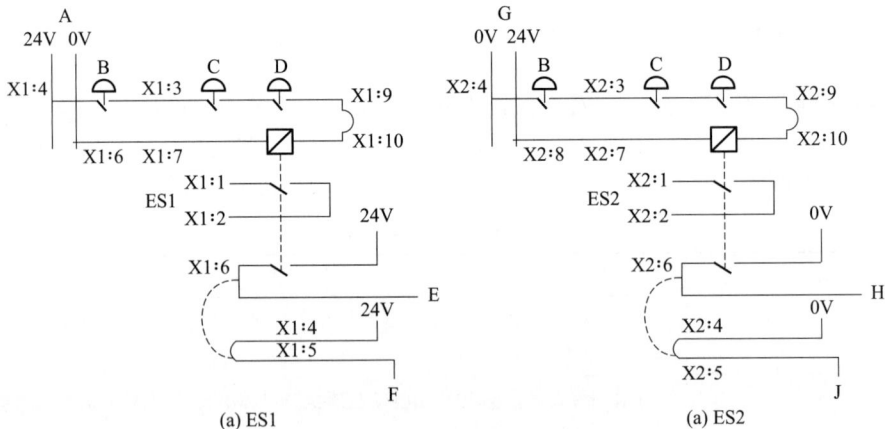

图 6.2 紧急停止（ES）控制原理图

表 6.2 ES 控制原理图各部分功能

	功能		功能
A	内部 24V 电源	C	示教器紧急停止
B	外接紧急停止	D	控制柜紧急停止

续表

	功能		功能
E	紧急停止内部回路 1	J	运行链 2Top
F	运行链 1Top	ES1	急停输出回路 1
G	内部 24V 电源	ES2	急停输出回路 2
H	紧急停止内部回路 2		

X1、X2 端子出厂默认短接状态如 6.3 图所示。

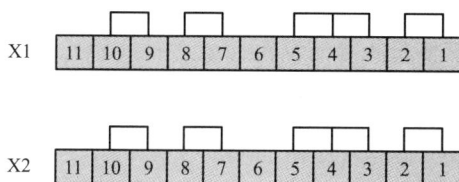

图 6.3　X1、X2 端子出厂默认短接状态

按照上述原理，ES1 和 ES2 分别接入 X1 上面的 3 和 4 以及 X2 上面的 3 和 4，ES1 和 ES2 的另外一端接在急停按钮的常闭点上，如图 6.4 所示。当急停按钮被按下则机器人进入紧急停止状态。

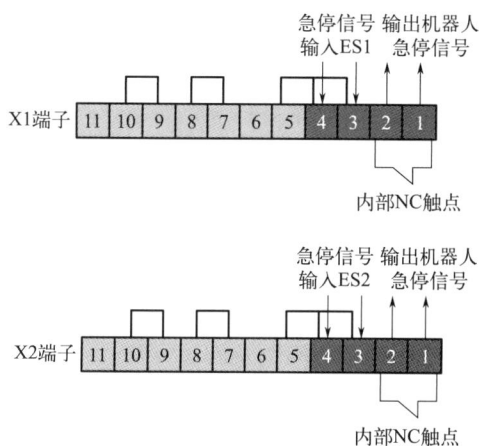

图 6.4　端子接线示意图

急停恢复，首先需要将急停按钮松开，然后点击控制柜上面的电机上电按钮才可消除急停状态，若是自动模式，则电机直接上电，若是手动模式仍要通过使能按钮上电。

6.2　工业机器人常见故障诊断与处理

机器人系统中的故障首先表现为一种症状，它可能是事件日志消息，可使用 Flex-Pendant 或 RobotStudio 在线查看；它也可能是没有事件日志信息的故障，如系统性能差或者显示机械干扰，再如系统可能不能启动或者显示启动期间的不规范行为等。机器人系统故障排除需要采用系统的方法，任何故障都会引起许多症状，对它们可能会创建也可能不会创建错误事件日志消息。为了有效地消除故障，辨别原症状和继发性症状很重要，充分利用手册进行故障处理。

ABB 工业机器人故障主要包括机械故障、电气故障、程序故障和网络通信故障。

（1）机械故障

包括机器人本体机械部件（如传动齿轮、伺服机构、爪夹等）损坏或运行不畅。

对于机械故障的处理，首先需要检查机器人本体各部件之间的机械连接是否正确、每个部件是否松动或损坏；其次根据手持盒的显示信息判断机器人运行的具体状况，从而逐一排查出问题的具体原因；最后进行针对性的维修或更换部件。

（2）电气故障

包括控制器电路，各种传感器、机器人电源电路之类的故障。

对于电气故障，首先需要检查控制器电源电路、信号处理电路，以及与机器人本体之间的连接情况。通过对机器人各个部件的检查，判断出问题的具体原因并进行相应的处理。有关更具体的检测与排除步骤，可参考 ABB 机器人官方提供的用户手册。

（3）程序故障

包括机器人程序设计错误、I/O 与信号定义不清晰、机器人逻辑处理错误等。当出现程序故障时，首先需要检查程序代码，确认程序是否正确书写；然后根据手持盒的显示信息，判断出问题出现的具体阶段，从而逐一排查出问题出现的原因；最后进行程序代码的修正。

（4）网络通信故障

包括网络设备故障、通信接口故障以及通信协议不严谨等。

对于网络通信故障，需要首先检查网络设备间的网络连接，确认网络拓扑关系是否稳定、网络连接是否流畅；其次检查通信接口，确认通信接口的设置是否与机器人系统相匹配，通信协议是否正确；最后根据系统显示的不同阶段的相关信息进行排除，确认问题所在。

总的来说，ABB 机器人是一种非常先进的自动化控制设备，其卓越性能和高效性已经在多个领域得到了广泛的应用。但是在使用过程中，难免会遇到故障问题，这就需要有严谨、科学的排除解决方式。通过阅读 ABB 机器人故障手册，可以更好地了解 ABB 机器人的各部分构件，以及可能出现的故障问题及解决方法。

6.3 工业机器人维护与保养

6.3.1 本体标准保养

（1）常规检查

① 本体清洁　根据现场工作对机器人本体进行除尘清洁。

② 本体和 6 轴工具端固定检查　检查本体及工具是否固定良好。

③ 各轴限位挡块检查。

④ 电缆状态检查　检查机器人信号电缆、动力电缆、用户电缆、本体电缆的使用状况与磨损情况。

⑤ 密封状态检查　检查本体齿轮箱、手腕等是否有漏油、渗油现象。

（2）功能测量

① 机械零位测量　检测机器人的当前零位位置与标准标定位置是否一致。

② 电机抱闸状态检查　检测打开电机抱闸电压值，测试各轴电机抱闸功能。

③ 噪声检查　通过噪声检测仪来检查电机或减速器在手动运行状态下是否有异常，从而作为检查部件状态的一个标准。

④ 重复精度检查　通过使用百分表来确认机器人的重复精度是否正常。

⑤ 电机温度检查　通过专业的红外线温度枪确认电机在运转时的温度是否正常，并通过数值来比较各轴电机与标准值是否一致。

（3）保养件更换

① 本体油品更换　机器人齿轮箱、平衡缸或连杆油品更换。

② 机器人 SMB 板检查及电池更换检查 SMB 板的固定连接是否正常，如不正常更换电池。ABB 工业机器人使用单圈绝对值编码器，电机圈数在 SMB 中的存储需要电源。在机器人控制柜开启时，由控制柜给 SMB 供电进行圈数存储，使用的电池为一次性不可充电电池。在控制柜关闭的时候，则由 SMB 上的电池进行供电。

6.3.2　控制柜的标准维护

（1）常规检查

① 控制柜清洁　对机器人控制柜外观进行清洁，控制柜内部进行除尘。

② 控制柜各部件牢固性检查　检查控制柜内所有部件的紧固状态。

③ 示教器清洁　对示教器及电缆进行清洁与整理。

④ 电路板指示灯状态　检查控制柜内各电路板的状态灯，确认电路板的状态。

⑤ 控制柜内部电缆检查　检查控制柜内所有电缆插头，确认连接稳固、电缆整洁。

（2）控制柜测量

① 电源电压测量　测量机器人的输入电压、驱动电压、电源模块电压，并进行整体评估。

② 安全回路检测　检查安全回路（AS、GS、ES）是否正常运行。

③ 示教功能检测　检查各按键的有效性，检查急停回路是否正常，测试触摸屏和显示屏的功能。

④ 系统校准补偿值校验　检查机器人标定补偿值参数是否与出厂配置值一致。

⑤ 系统备份和导入检测　检查机器人是否能正常完成程序的备份和重新导入功能。

⑥ 硬盘空间检测　优化机器人控制柜的硬盘空间，保证正常的操作空间。

（3）维修零件更换

① 更换驱动风扇装置。

② 控制柜保险丝更换。

③ 更换控制柜操作面板电机通电按钮指示灯。

思考与练习

6-1　工业机器人有哪几种安全保护机制？

6-2　工业机器人常见故障有哪几种类型？

6-3　工业机器人日常维护与保养主要包括哪些内容？

第二部分

实操与考证（ABB本体）

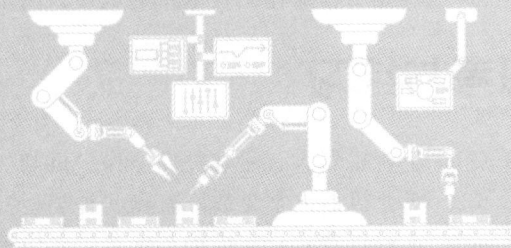

系统概况与设备通信

① 熟悉工业机器人应用编程1+X设备结构及各部分功能。

② 熟悉系统网络架构及各部分之间通信方式。

能力目标

① 认识平台中各部分在关节装配任务中的作用。

② 能够实现各设备间的通信。

7.1 设备平台结构及功能

本书面向的平台是工业机器人应用编程 ABB（中级）平台设备，该设备符合工业机器人应用编程技能等级标准及考核平台技术参数的要求，设备整体布局如图 7.1 所示。

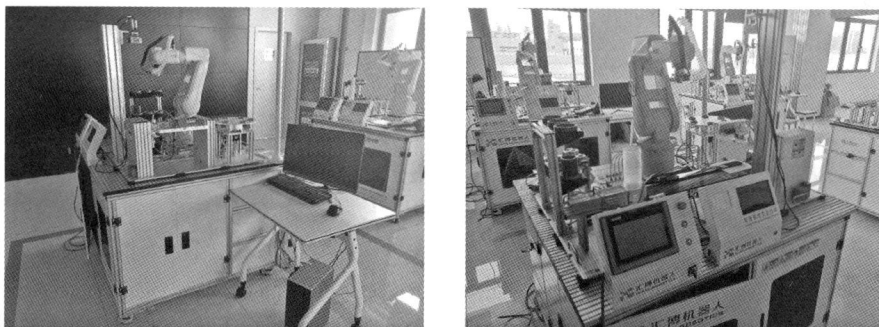

图 7.1 设备平台概况

平台使用的工业机器人本体型号为 ABB IRB120，包含 6 个运动自由度，机器人末端装载工具快换接头，如图 7.2 所示。

除工业机器人本体外，平台搭载的功能模块包括工具快换模块、智能立体仓库模块、井式供料模块、皮带输送模块、视觉检测模块、变位机模块、装配模块、旋转供料模块、RFID 模块以及绘图模块，所有模块均为可拆装模块，根据任务要求移动或替换相关模

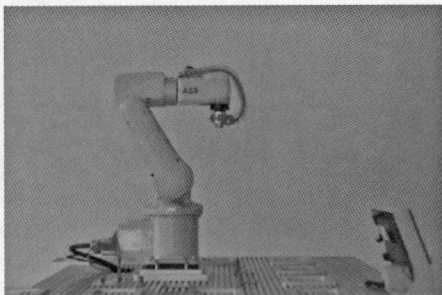

图 7.2 工业机器人本体 ABB IRB120

块，如图 7.3 所示。

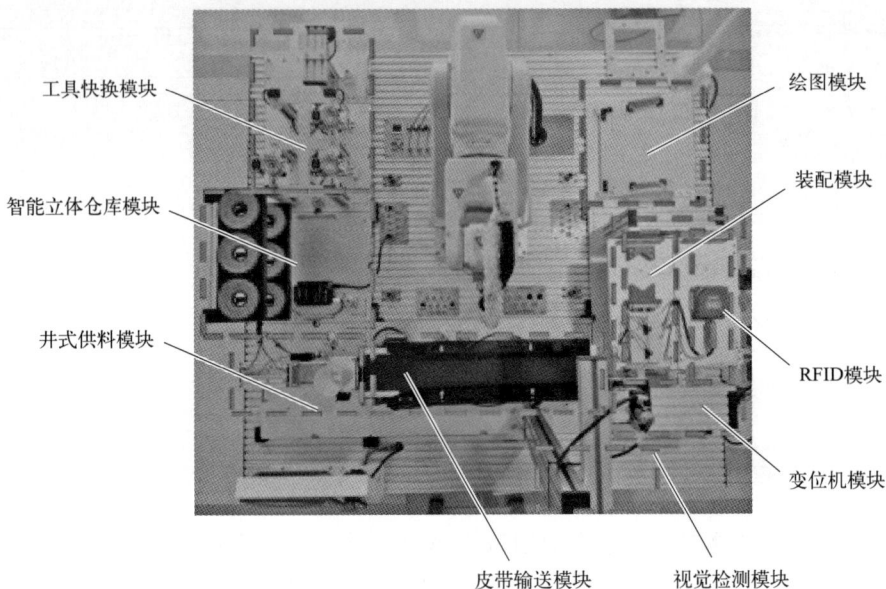

图 7.3 平台搭载的功能模块

（1）工具快换模块

工具快换模块主要由快换支架、检测传感器以及快换工具组成，如图 7.4 所示。工具快换模块与工业机器人通过 I/O 通信，机器人可识别并快速取放快换支架上的快换工具。

该模块搭载的快换支架可以共放置四个快换工具，快换工具包括弧口手爪工具、直口手爪工具、吸盘工具以及绘图笔工具，如图 7.5 所示。其中弧口手爪工具用来取放关节基座以及关节成品，直口手爪工具用来取放电机，吸盘工具用来取放关节减速器及端盖法兰，各部分零件如图 7.6 所示，绘图笔工具用于离线编程任务中的绘图验证。

（2）智能立体仓库模块

智能立体仓库模块由 3×2 工位仓储的立体仓库、识别传感器以及以太网 I/O 模块组成，如图 7.7 所示。

图 7.4 工具快换模块

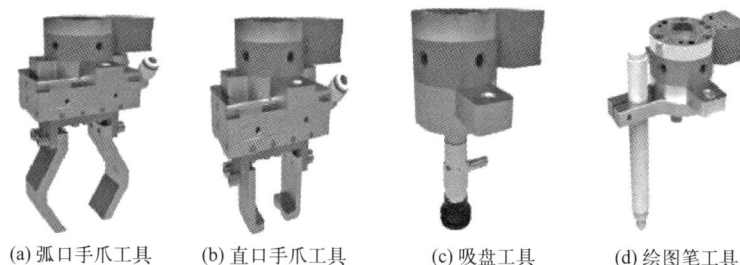

(a) 弧口手爪工具　(b) 直口手爪工具　(c) 吸盘工具　(d) 绘图笔工具

图 7.5　平台搭载的快换工具

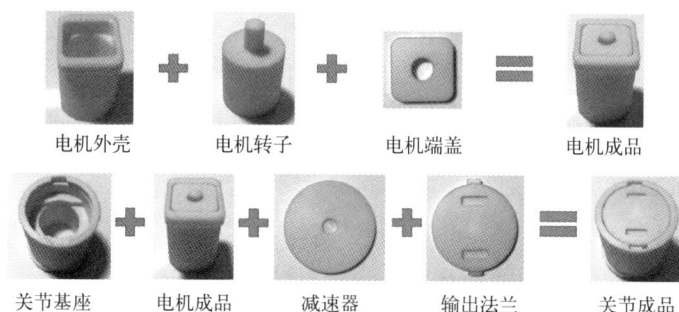

电机外壳　　电机转子　　电机端盖　　电机成品

关节基座　　电机成品　　减速器　　输出法兰　　关节成品

图 7.6　工件及组成零件图

图 7.7　智能立体仓库模块

智能立体仓库模块主要用于存放关节基座和关节成品，立体仓库模块与 PLC 通过 ModbusTCP 通信，实现立体仓库物料信息的交互，完成工件的出入库。

（3）皮带输送模块

皮带输送模块由皮带输送机、检测传感器和末端的工件到位传感器组成，如图 7.8 所示。皮带输送模块由单相交流调速电机驱动，实现不同工件的传输。工业机器人通过数字量和模拟量分别控制电机的启停和调速。

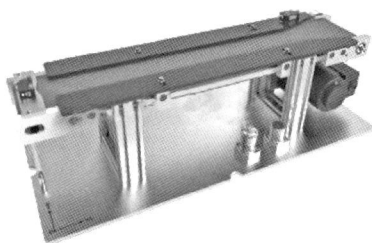

图 7.8　皮带输送模块

（4）变位机模块

变位机模块由伺服电机、减速器和旋转平台组成，如图 7.9 所示。

变位机旋转平台上可安装装配模块和 RFID 模块，实现工件的装配和检测。变位机由伺服驱动器控制伺服电机进行旋转，伺服驱动器和 PLC 之间采用 Modbus RTU 通信。

（5）旋转供料模块

旋转供料模块由步进电机、检测传感器以及等距分布 6 工位旋转料盘组成，如图 7.10 所示。旋转供料模块和 PLC 之间采用脉冲和方向控制，PLC 可以控制旋转供料模块转到指定工位，实现机器人准确抓取工件。

图 7.9　变位机模块　　　　　　　　图 7.10　旋转供料模块

　　此外，井式供料模块由料仓和推送气缸组成，工业机器人通过数字量控制料仓内工件的推送；视觉检测系统与机器人通过 TCP/IP 通信，可识别工件的形状、颜色、位置和角度；RFID 模块与 PLC 通过 RS422 串口通信，实现工件信息的读取和写入。

7.2　系统网络架构

　　在系统中，PLC 作为通信中枢，与工业机器人、触摸屏、智能立体仓库、RFID 模块以及变位机实现通信，此外工业机器人与工业相机直接通过 Socket 方式通信，系统网络架构如图 7.11 所示。

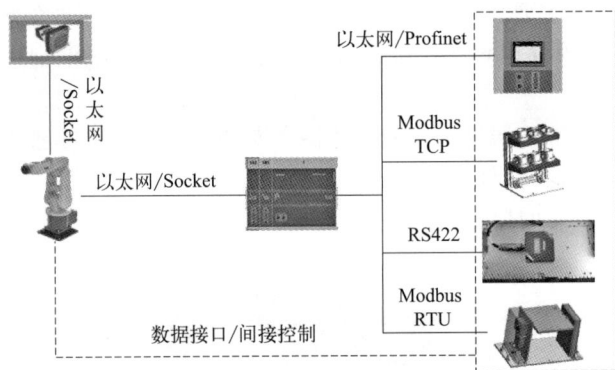

图 7.11　系统网络架构

　　PLC 硬件组态设计如图 7.12 所示，组态的设备信息如表 7.1 所示。

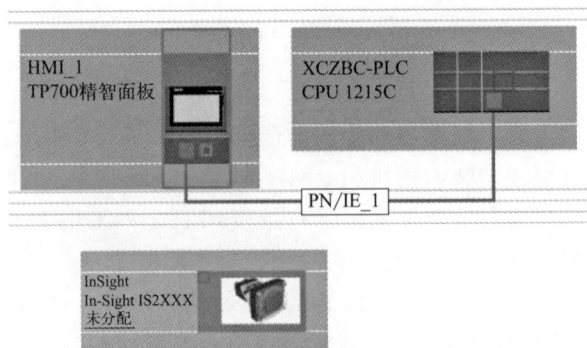

图 7.12　PLC 硬件组态设计

表 7.1　组态的设备信息

硬件名称	型号	固件版本	备注
PLC	CPU 1215C DC/DC/DC	4.2	
RFID	RF120C	1.0	插槽 101
RS485	CM1241	2.1	插槽 102
HMI	TP700 Comfort	15.0.0.0	
相机	IS2000	5.3.0	ABB 平台相机由机器人直接控制

7.2.1　机器人与 PLC 通信

（1）TCP/IP 通信基础

TCP/IP 协议（transmission control protocol/internet protocol，传输控制协议/网际协议），又叫网络通信协议，这个协议是 Internet 国际互联网络的基础。TCP/IP 是网络中使用的基本的通信协议。虽然从名字上看 TCP/IP 包括两个协议：传输控制协议（TCP）和网际协议（IP），但 TCP/IP 实际上是一组协议，它包括上百个各种功能的协议，如：远程登录、文件传输和电子邮件等，而 TCP 协议和 IP 协议是保证数据完整传输的两个基本的重要协议。

通常说 TCP/IP 是 Internet 协议族，而不单单是 TCP 和 IP。TCP/IP 是用于计算机通信的一组协议，我们通常称它为 TCP/IP 协议。它是 20 世纪 70 年代中期美国国防部为其 ARPANET 广域网开发的网络体系结构和协议标准，以它为基础组建的 Internet 是目前国际上规模最大的计算机网络，正因为 Internet 的广泛使用，使得 TCP/IP 成了事实上的标准。

所以说 TCP/IP 是一个协议族，是因为 TCP/IP 协议包括 TCP、IP、UDP、ICMP、RIP、TELNETFTP、SMTP、ARP、TFTP 等许多协议，详细信息如表 7.2 所示，这些协议一起称为 TCP/IP 协议。

表 7.2　协议族中常用协议说明

协议名称	英文全称	用途
TCP	transmission control protocol	传输控制协议
IP	internet protocol	网际协议
UDP	user datagram protocol	用户数据报协议
SMTP	simple mail transfer protocol	简单邮件传送协议
SNMP	simple network management protocol	简单网络管理协议
FTP	file transfer protocol	文件传输协议
ARP	address resolution protocol	地址解析协议

从协议分层模型方面来讲，TCP/IP 由四个层次组成：网络接口层、网络层、传输层、应用层。

（2）网络接口层

网络接口层是 TCP/IP 软件的最底层，负责接收 IP 数据报并通过网络发送，或者从网络上接收物理帧，抽出 IP 数据报，交给 IP 层。常见的接口层协议有：Ethernet 802.3、Token Ring 802.5、X.25、Frame relay、HDLC、PPP ATM 等。

（3）网络层

网络层负责相邻计算机之间的通信。其功能包括三方面：

① 处理来自传输层的分组发送请求，收到请求后，将分组装入 IP 数据报，填充报头，选择去往信宿机的路径，然后将数据报发往适当的网络接口。

② 处理输入数据报：首先检查其合法性，然后进行寻径——假如该数据报已到达信宿机，则去掉报头，将剩下部分交给适当的传输协议；假如该数据报尚未到达信宿，则转发该数据报。

③ 处理路径、流控、拥塞等问题。

网络层包括：IP（internet protocol）协议、ICMP（internet control message protocol）控制报文协议、ARP（address resolution protocol）地址解析协议、RARP（reverse ARP）反向地址解析协议。IP 是网络层的核心，通过路由选择将下一条 IP 封装后交给接口层。IP 数据报是无连接服务。ICMP 是网络层的补充，可以回送报文，用来检测网络是否通畅。Ping 命令就是发送 ICMP 的 echo 包，通过回送的 echo relay 进行网络测试。ARP 是正向地址解析协议，通过已知的 IP，寻找对应主机的 MAC 地址。RARP 是反向地址解析协议，通过 MAC 地址确定 IP 地址。比如无盘工作站还有 DHCP 服务。

（4）传输层

传输层提供应用程序间的通信，其功能包括格式化信息流以及提供可靠传输。为实现可靠传输，传输层协议规定接收端必须发回确认，并且假如分组丢失，必须重新发送。传输层协议主要是：传输控制协议 TCP（transmission control protocol）和用户数据报协议 UDP（user datagram protocol）。

（5）应用层

应用层向用户提供一组常用的应用程序，比如电子邮件、文件传输访问、远程登录等。远程登录 TELNET 使用 TELNET 协议提供在网络其他主机上注册的接口。TELNET 会话提供了基于字符的虚拟终端。文件传输访问 FTP 使用 FTP 协议来提供网络内机器间的文件拷贝功能。应用层一般是面向用户的服务，如 FTP、TELNET、DNS、SMTP、POP3。FTP（file transfer protocol）是文件传输协议，一般上传下载用 FTP 服务，数据端口是 20H，控制端口是 21H。TELNET 是用户远程登录服务，使用 23H 端口，使用明码传送，保密性差、简单方便。DNS（domain name service）是域名解析服务，提供域名到 IP 地址之间的转换。SMTP（simple mail transfer protocol）是简单邮件传送协议，用来控制信件的发送或中转。POP3（post office protocol version 3）是邮局协议第 3 版本，用于接收邮件。

OSI（open systems interconnection）是传统的开放系统互连参考模型，是一种通信协议的 7 层抽象的参考模型，其中每一层执行某一特定任务。该模型的目的是使各种硬件在相同的层次上相互通信。这 7 层是：物理层、数据链路层、网络层、传输层、会话层、表示层和应用层。TCP/IP 四层结构和 OSI 七层结构对应关系如表 7.3 所示。

表 7.3　TCP/IP 结构和 OSI 结构对应关系

TCP/IP 中的层	OSI 中的层	功能	TCP/IP 协议族
应用层	应用层	文件传输、电子邮件、文件服务、虚拟终端	TFTP、HTTP、SNMP、FTP、SMTP、DNS、RIP、TELNET
	表示层	数据格式化、代码转换、数据加密	没有协议
	会话层	解除或建立与别的接点的联系	没有协议

TCP/IP 中的层	OSI 中的层	功能	TCP/IP 协议族
传输层（TCP）	传输层	提供端对端的接口	TCP、UDP
网络层（IP）	网络层	为数据包选择路由	IP、ICMP、OSPF、BGP、IGMP、ARP、RARP
网络接口层	数据链路层	传输有地址的帧以及错误检测功能	SLIP、CSLIP、PPP、MTU、ARP、RARP
	物理层	以二进制数据形式在物理媒体上传输数据	ISO2110、IEEE802、IEEE802.2

（6）Socket 通信基础

Socket 又称套接字，用来描述 IP 地址和端口，是通信链的句柄，是支持 TCP/IP 协议的网络通信的基本操作单元，是对网络通信过程中端点的抽象表示。Socket 并非互联网协议，它只是基于互联网协议，连接应用层和传输层之间的套件是为实现通信过程而建立的通信管道，其真实的代表是客户端和服务器端的一个通信进程，双方进程通过 Socket 进行通信，而通信的规则采用指定的协议。

Socket 是在应用层和传输层之间的一个抽象层，它把 TCP/IP 层复杂的操作抽象为几个简单的接口，供应用层调用，实现进程在网络中的通信，Socket 所在位置描述如图 7.13 所示。

Socket 是和应用程序一起创建的。应用程序中有一个 Socket 组件，在应用程序启动时，会调用 Socket 申请创建 Socket，协议栈会根据应用程序的申请创建 Socket。首先分配一个 Socket 所需的内存空间，这一步相当于是为控制信息准备一个容器，但只有容器并没有实际作用，所以还需要向容器中放入控制信息，如果你不申请创建 Socket 所需要

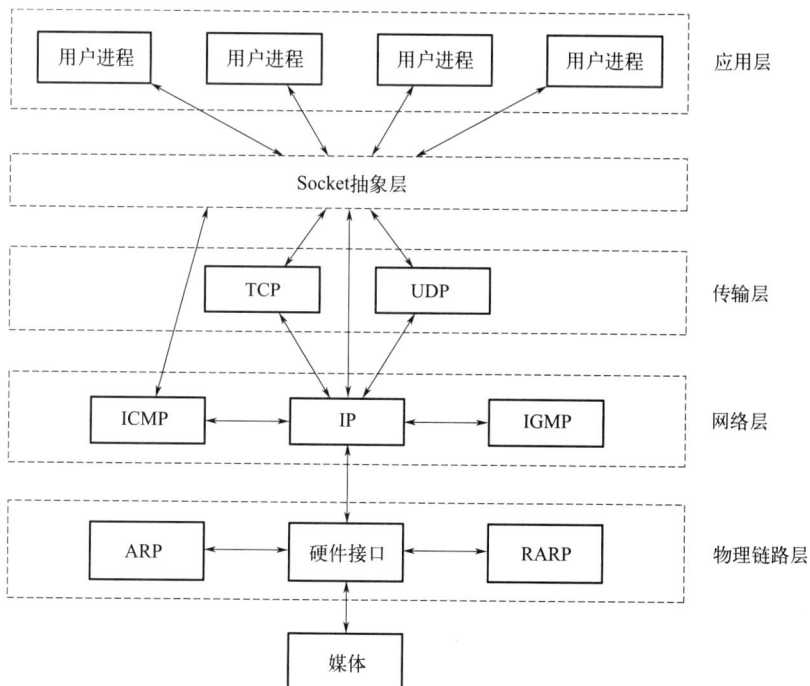

图 7.13　Socket 位置描述

的内存空间，创建的控制信息也没有地方存放，所以分配内存空间、放入控制信息缺一不可。至此，Socket 的创建就已经完成了，Socket 创建完成后，会返回一个 Socket 描述符给应用程序，这个描述符相当于是区分不同 Socket 的号码牌。根据这个描述符，应用程序在委托协议栈收发数据时就需要提供这个描述符。

Socket 通信实现可以概括为以下四个步骤：

① 创建 ServerSocket 和 Socket；

② 打开连接到的 Socket 的输入/输出流；

③ 按照协议对 Socket 进行读/写操作；

④ 关闭输入/输出流以及 Socket。

想要实现 Socket 通信，需要使用相关函数分别在 TCP 服务器端和客户端编写通信程序，编写流程如图 7.14 所示。服务器端先初始化 Socket，然后与端口绑定（bind），对端口进行监听（listen），调用 accept 阻塞，等待客户端连接。在这时如果有个客户端初始化一个 Socket，然后连接服务器（connect），如果连接成功，这时客户端与服务器端的连接就建立了。客户端发送数据请求，服务器端接收请求并处理请求，然后把回应数据发送给客户端，客户端读取数据，最后关闭连接，一次交互结束。

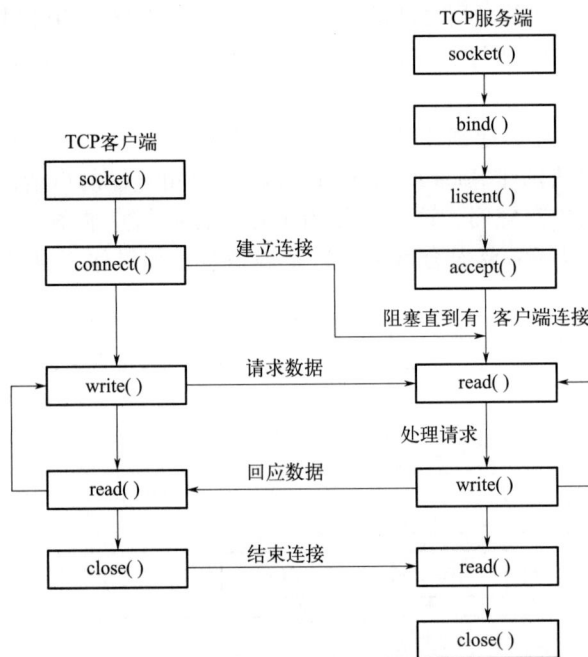

图 7.14　Socket 编写流程

对于该流程具体描述为以下内容。

服务器端：

① 先创建 ServerSocket 对象，用来绑定监听的端口；

② 再调用 accept() 方法来监听客户端的请求；

③ 连接建立后，通过输入流读取客户端发送的请求信息，通过输出流向客户端发送响应信息；

④ 最后记得关闭相关资源。

客户端：

① 先创建 Socket 对象，要指明需要链接的服务器的地址和端号，即两个参数；

② 链接建立后，通过输出流向服务器发送请求信息，通过输出流获取服务器响应的信息；

③ 最后关闭相关资源。

（7）机器人与 PLC 通信

机器人与 PLC 之间采用以太网 Socket 通信，通过自定义数据类型及通信接口控制相关设备的动作及接收反馈信息，机器人与 PLC 通信的 IP 地址和端口号如表 7.4 所示。机器人端考核环境主要是机器人与 PLC 的通信程序，通信程序在后台任务 Com 中运行。

表 7.4　工业机器人与 PLC 通信地址表

名称	机器人	PLC
Socket	客户端	服务器端
IP 地址	192.168.101.100	192.168.101.13
端口号	主动连接	2001

机器人通信程序主要包括：自定义数据类型、通信接口定义、通信数据打包和解包程序以及 Socket 通信程序，如图 7.15 所示。

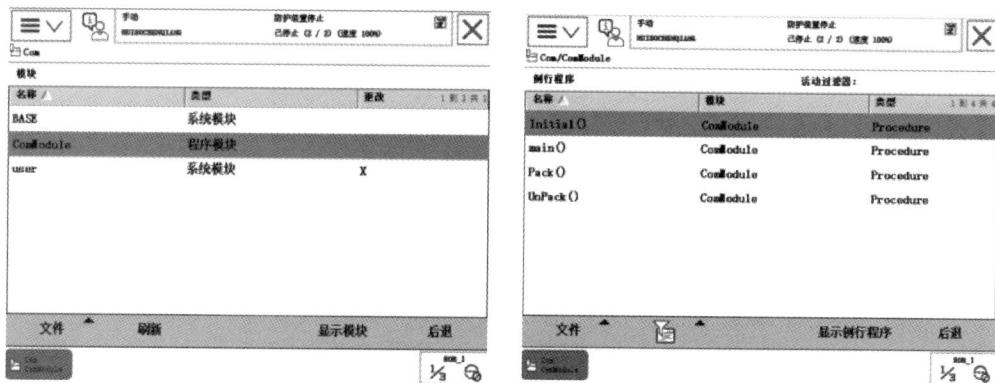

图 7.15　工业机器人通信程序

通信程序功能如表 7.5 所示。

表 7.5　通信程序名称及功能

例行程序名称	程序功能
main	通信主程序
initial	通信接口数据初始化程序
pack	通信数据打包程序
unpack	通信数据解包程序

PLC 端考核环境已封装部分数据块和功能函数，如图 7.16 所示，可以直接使用。已经封装的部分数据块和功能函数块名称、类型及功能说明如表 7.6 所示。

表 7.6　PLC 端通信模块说明

名称	类型	说明
DB_PLC_STATUS	DB 数据块	PLC 发送给机器人的数据
DB_RB_CMD	DB 数据块	PLC 接收到机器人的指令
RFID_DATA_DB	DB 数据块	RFID 读取和写入的数据
DB_TCP_DIO	DB 数据块	立体仓库模块数据
DB_变位机命令	DB 数据块	变位机控制指令
DB_变位机状态	DB 数据块	变位机状态信息
RB-AUX1	FB 函数块	变位机运动控制函数
1+X lv2 SyS	FC 函数	系统通信函数
AUX1 通信	FC 函数	变位机底层通信控制函数
通信数据解析	FC 函数	机器人与 PLC 的通信数据解析

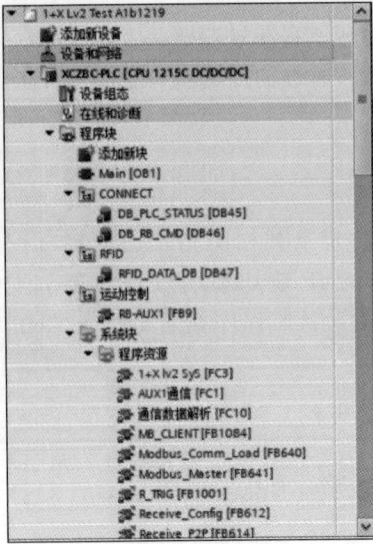

图 7.16　PLC 端通信数据库和功能函数

在 PLC 编程环境中，PLC 和工业机器人通信程序如图 7.17 所示，连接属性设置如图 7.18 所示。

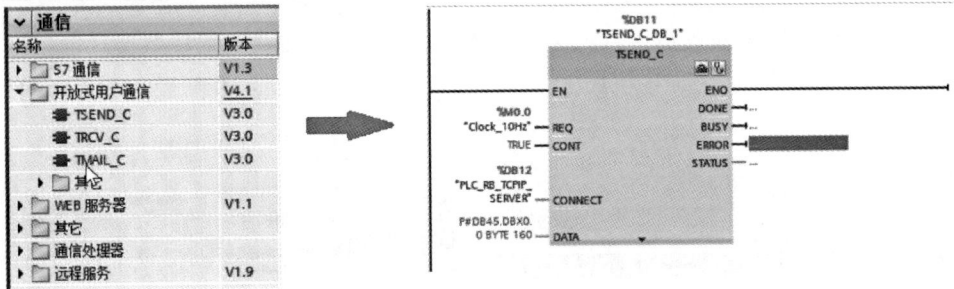

图 7.17　PLC 和工业机器人通信程序

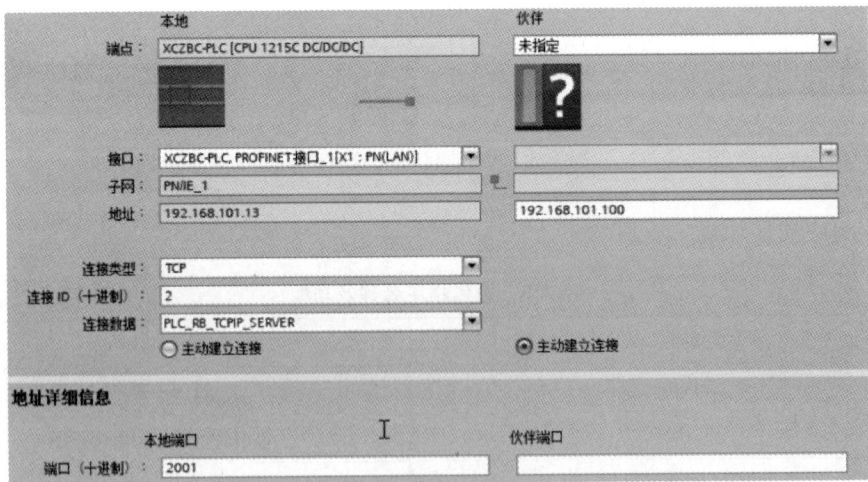

图 7.18　连接属性设置

其中，功能块中部分主要参数说明如下：

CONNECT——连接参数变量，如图 7.19 所示，主要参数说明如表 7.7 所示；

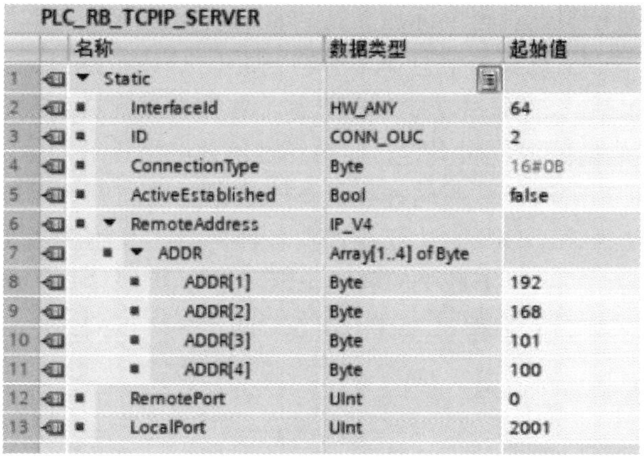

PLC_RB_TCPIP_SERVER

	名称	数据类型	起始值
1	▼ Static		
2	InterfaceId	HW_ANY	64
3	ID	CONN_OUC	2
4	ConnectionType	Byte	16#0B
5	ActiveEstablished	Bool	false
6	▼ RemoteAddress	IP_V4	
7	▼ ADDR	Array[1..4] of Byte	
8	ADDR[1]	Byte	192
9	ADDR[2]	Byte	168
10	ADDR[3]	Byte	101
11	ADDR[4]	Byte	100
12	RemotePort	UInt	0
13	LocalPort	UInt	2001

图 7.19　PLC 和工业机器人通信参数变量

表 7.7　PLC 和机器人通信参数变量说明

参数	说明
Interfaced	网口硬件标识符
ID	引用连接号
ActiveEstablished	连接建立类型的标识符 FALSE：被动连接建立 TRUE：主动连接建立
ConnectionType	连接类型： 17：TCP(17 dec=0x11 hex) 18：ISO-on-TCP(18 dec=0x12 hex) 19：UDP(19 dec=0x13 hex)
ADD	IP 地址
LocalPort	端口号

DATA——连接 PLC 反馈给机器人的状态数据（DB_PLC_STATUS）。

7.2.2　其他设备通信

（1）MODBUS 通信协议基础

MODBUS 是一种串行通信协议，是施耐德电气的前身 Modicon 公司在 1979 年提出的。由于其协议简单易用，且没有版权要求，目前已经成为工业领域通信协议的实时标准。

通过 MODBUS 协议，控制器相互之间或控制器经网络（如以太网）可以和其他设备之间进行通信。MODBUS 协议使用的是主从通信技术，即由主设备主动查询和操作从设备。一般将主控设备方所使用的协议称为 MODBUS Master，从设备方使用的协议称为 MODBUS Slave。典型的主设备包括工控机和工业控制器等；典型的从设备，如 PLC 可编程控制器等。MODBUS 通信物理接口可以选用串口（包括 RS232 和 RS485），也可以选择以太网口。

MODBUS 在 7 层 OSI 参考模型中属于第七层应用层，数据链路层有两种：基于标准串口协议和 TCP 协议。物理层可使用 3 线 232、2 线 485、4 线 422，或光纤、网线、无线等多种传输介质。MODBUS 网络只有一个主机，发出通信信号，多个从机，网络可支持

247 个之多的远程从属控制器，但实际所支持的从机数要由所用通信设备决定。采用这个系统，各 PC 可以和中心主机交换信息而不影响各 PC 执行本身的控制任务。

MODBUS 协议包括 ASCII、RTU、TCP 等，并没有规定物理层。此协议定义了控制器能够认识和使用的消息结构，而不管它们是经过何种网络进行通信的。

MODBUS 协议可以解决工厂不同种类设备的数据采集问题，可以通过采集的数据随时监控工厂的运行情况。MODBUS 协议允许在各种网络体系结构内进行简单通信，它的常见体系结构如图 7.20 所示。工厂中的各类 PLC、I/O 数据接口、驱动器设备可以通过各类 MODBUS 协议采集它的数据，并且不同 MODBUS 协议网络之间还可以通过网关进行数据交换。

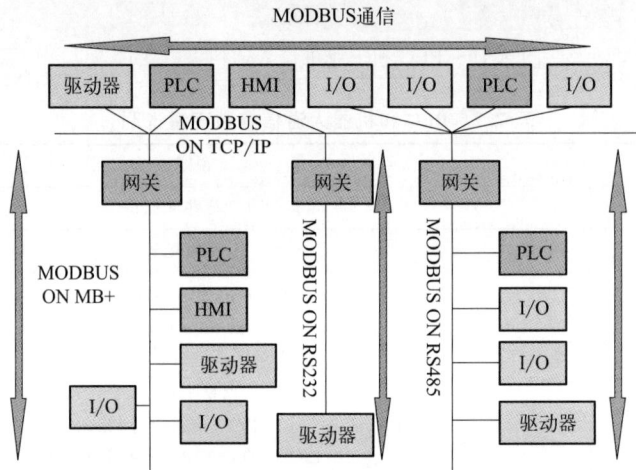

图 7.20　MODBUS 协议常见体系结构

① MODBUS ASCII/RTU　ASCII 模式通信时，传输的消息中的每个字节都要用两个 ASCII 字符表示并以异步方式传输，好处是可以使字符发送的时间间隔达到 1s 而不产生错误；RTU 模式要传输的消息中的每个字节都是原始的十六进制字符，无需编码。异步方式传输，优点是可以在相同的波特率下传送更多的数据。

ASCII 消息帧格式如图 7.21 所示，RTU 消息帧格式如图 7.22 所示。二者分别适用于不同的场合，目前应用较多的模式为 RTU 模式，RTU 模式是一般默认选择的传输模式。

起始符	地址	功能码	数据	LRC校验码	结束符
1个字符	2个字符	2个字符	2n个字符	2个字符	2个字符

图 7.21　ASCII 模式的消息帧格式

起始符	地址	功能码	数据	CRC校验码	结束符
时间间隔	1个字节	1个字节	n个字节	2个字节	时间间隔

图 7.22　RTU 模式的消息帧格式

ASCII 的起始符、地址、功能码和数据与 RTU 相同，检验位不同。MODBUS 通过消息帧传输数据，为了保证传输数据的准确性，主机和从机必须进行数据帧的校验，通过生成的校验码判别接收到的数据帧是否完整。

② MODBUS TCP　最初的 MODBUS 仅有两种模式，随着互联网技术的发展，出现了基于 TCP/IP 以太网开发的 MODBUS TCP（即以太网的 MODBUS），可以让工业设备通过网线进行数据交互。

由于使用了 TCP/IP 的以太网，不必完全由主机控制信息的传输，主机与从机之间完全对等进行自由控制（而非前者的主从模式），MODBUS TCP 的通信结构架构如图 7.23 所示。

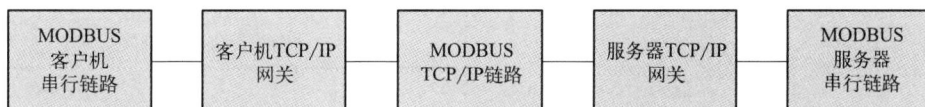

图 7.23　MODBUS TCP 通信结构架构

MODBUS TCP 的应用层仍采用 MODBUS 协议，传输层使用 TCP 协议，网络层采用 IP 协议，因此可以在局域网、广域网和因特网中使用。

MODBUS TCP 的数据帧包含 MBAP 报文头、功能码和数据 3 部分（功能码和数据组成 PDU，这样就成了 MBAP＋PDU 两部分），如图 7.24 所示。相比于 ASCII/RTU，删去了错误检测域，增加了 MBAP 报文头。MODBUS TCP 模式没有额外规定校验，因为 TCP 协议是一个面向连接的可靠协议。

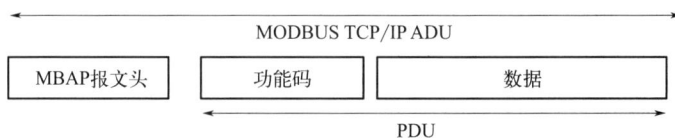

图 7.24　MODBUS TCP 数据帧

在 MODBUS 服务器中按缺省协议使用 Port 502 通信端口，在 MODBUS 客户器程序中设置任意通信端口，为避免与其他通信协议的冲突，一般建议端口号 2000 开始可以使用。

（2）立体仓库通信

立体仓库模块通过 MODBUS-TCP 协议与 PLC 实现通信，将库位检测结果信号传送给 PLC 和工业机器人，通信结构示意图如图 7.25 所示。

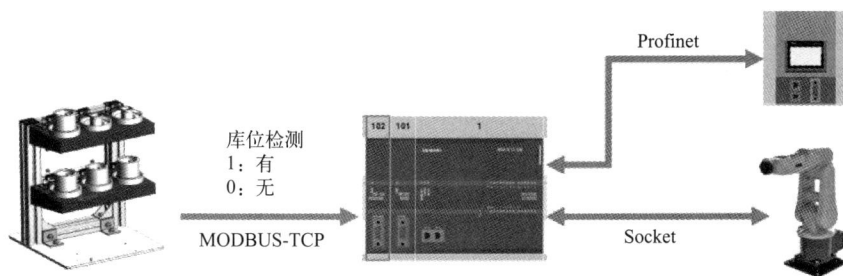

图 7.25　立体仓库模块通信结构示意图

通信地址分配如表 7.8 所示。

表 7.8　立体仓库通信地址分配

名称	立体仓库模块	PLC
MODBUS-TCP	主站	从站
IP 地址	192.168.101.75	192.168.101.13
端口号	502	主动连接

在 PLC 编程环境中，PLC 和立体仓库通信程序如图 7.26 所示。

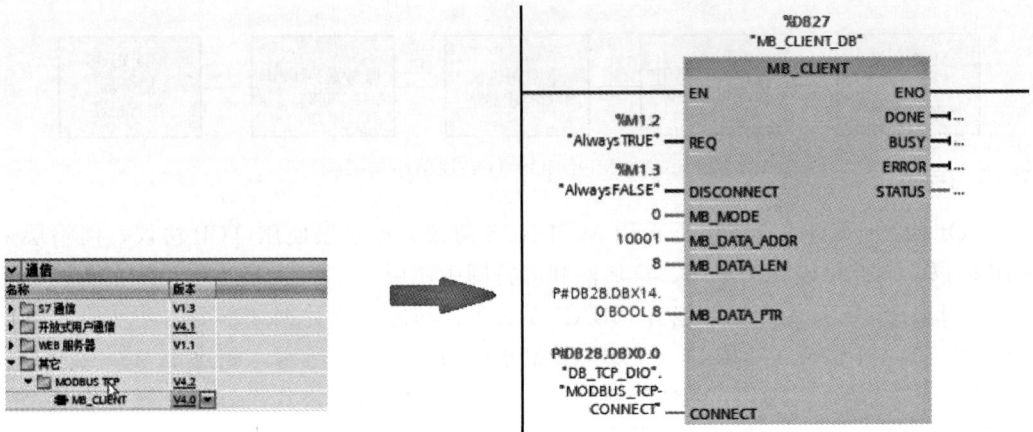

图 7.26　立体仓库模块通信程序

其中：

MB_MODE——模式选择，0 为读取数据；

MB_DATA_ADDR——寄存器起始地址，固定值 10001；

MB_DATA_LEN——数据长度，固定值 8；

MB_DATA_PTR——数据指针（存储区描述）；

CONNECT——连接参数（DB_TCP_DIO）。

其余参数意义及设置方法请参考编程环境提供的参考文档。

(3) 变位机模块通信

立体仓库模块通过 MODBUS-RTU 协议与 PLC 实现通信，从而实现对变位机旋转状态的控制和反馈，通信结构示意图如图 7.27 所示。

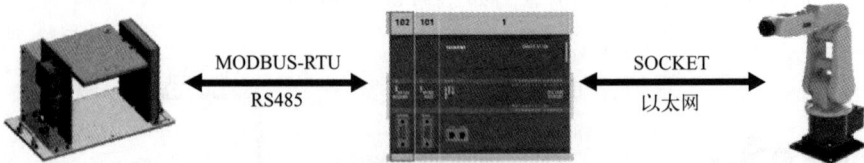

图 7.27　变位机模块通信结构示意图

通信及数据传输方式如表 7.9 所示。

表 7.9　变位机通信及数据传输方式

名称	PLC	变位机
MODBUS-RTU	从站	主站

续表

名称	PLC	变位机
站地址	轮询	1
通信方式	RS485 串口	
通信协议	MODBUS-RTU	
通信模式	半双工（RS485）两线制	
波特率	19200	
奇偶校验	无	
数据位	8 个字符	
停止位	2	

在 PLC 编程环境中，PLC 和变位机模块通信程序如图 7.28 所示。

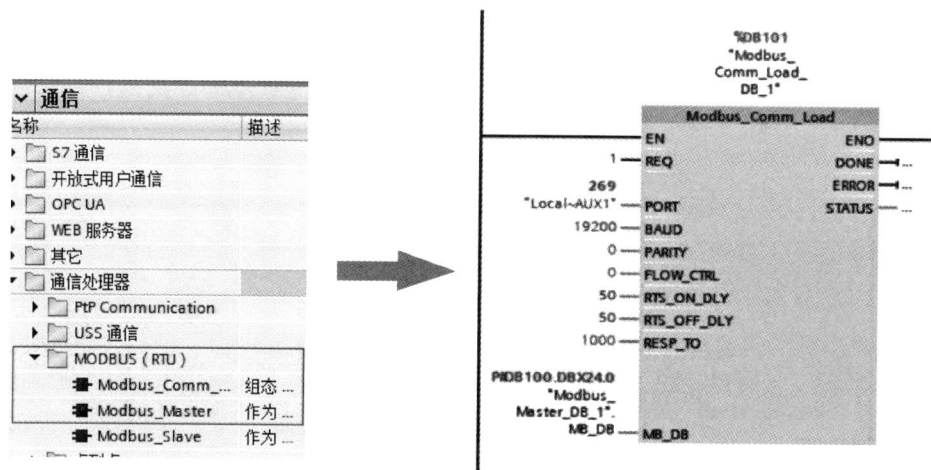

图 7.28 变位机模块通信程序

其中部分主要参数说明如下：

REQ——通信请求，可使用 1；

PORT——目标设备，使用组态的硬件标识符；

BAUD——通信速率，使用 19200（baud）；

PARITY——奇偶校验，使用默认值 0；

FLOW_CTRL——流控制，使用默认值 0；

RTS_ON_DLY——接通延时，使用 50(ms)；

RTS_OFF_DLY——关断延时，使用 50(ms)；

RESP_TO——响应超时，使用默认值 1000(ms)；

MB_DB——关联背景数据块。

其余参数以及参数详细说明请参考说明文档。

（4）旋转供料模块通信

旋转供料模块由步进电机驱动，该模块通过数字量 I/O 与 PLC 连接，通信方式如图 7.29 所示。

旋转供料装置定位及运动控制使用的变量及地址如表 7.10 所示。

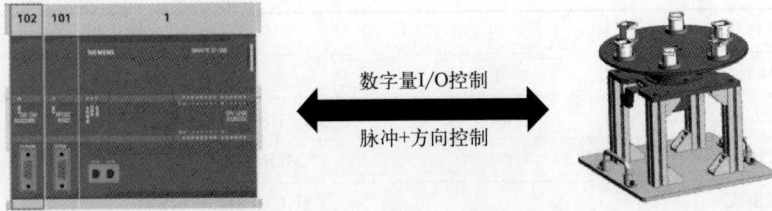

图 7.29　旋转供料模块通信示意图

表 7.10　旋转供料模块控制变量

名称	数据类型	地址
旋转料盘原点	Bool	%I1.0
旋转供料步进_脉冲	Bool	%Q0.0
旋转供料步进_方向	Bool	%Q0.1

在 PLC 编程环境中对步进电机进行工艺对象组态时，主要参数设置如图 7.30 所示。

组态完成后，可以使用运动控制功能块（图 7.31）实现对步进电机的控制，从而实现旋转供料装置的定位和运动控制。

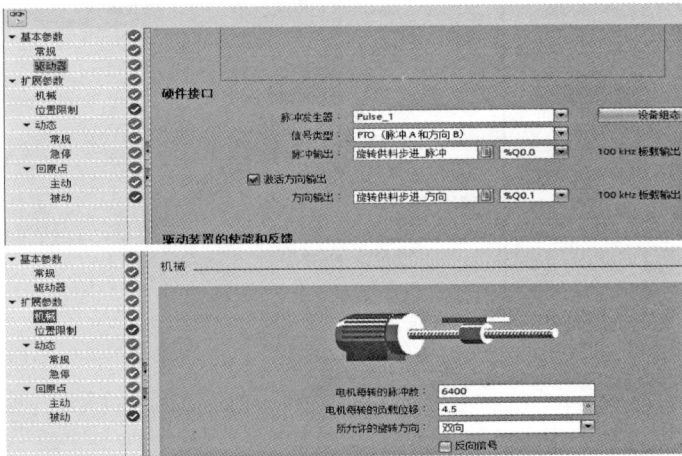

图 7.30　步进电机组态参数

图 7.31　运动控制功能块

此外，RFID 模块通过 RS422 串口采用内部总线协议-S7 实现与 PLC 通信。

第8章

工业机器人基础装配应用编程

知识目标

① 熟悉工业机器人应用编程1+X装配任务流程。

② 掌握数组使用方法，掌握工业机器人基础装配任务实现方法。

能力目标

① 能够使用示教-再现编程方式完成工具快换和拿取基座编程。

② 能够合理调用子程序，并运行调试，完成工具快换和拿取基座任务。

本书根据《工业机器人应用编程职业技能等级标准》（中级）对工业机器人应用水平的要求，设计了典型的工作任务，能够充分覆盖等级标准中技能要求，同时子任务的可替换性、可移植性较强，且具有较强的实用性。

本任务以工业机器人模拟关节装配任务为主线，按照装配顺序划为关节基座装配、电机装配、减速器装配、输出法兰装配、关节成品入库5个子任务，覆盖工业机器人操作与编程、系统外部设备通信与编程、多种电机驱动控制、机器人视觉等关键技术，具体任务流程如图8.1所示。

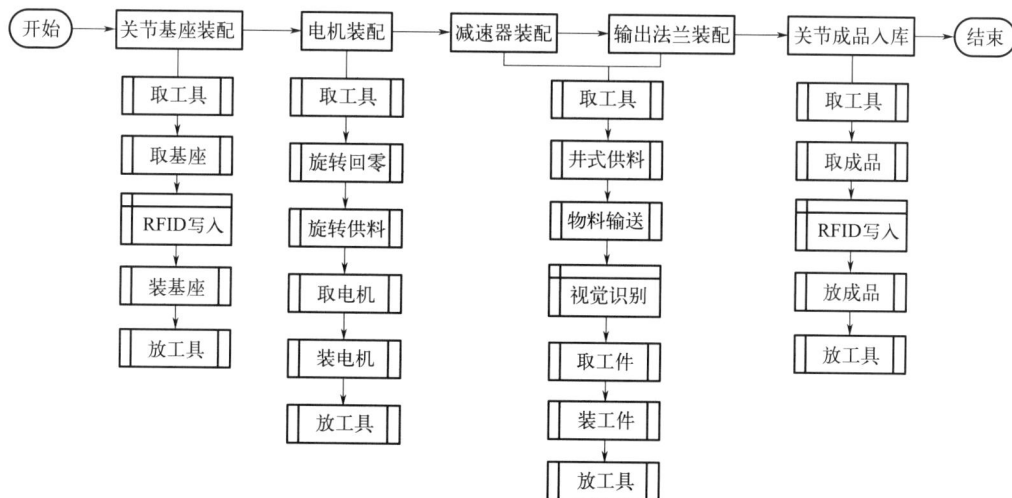

图 8.1　任务流程

8.1 工具快换编程

图 8.2 执行任务所需工具

根据任务划分情况，在执行任务过程中需要使用弧口工具、直口工具和吸盘工具三种不同的工具，如图 8.2 所示，顺利实现工具快换是完成装备任务的基础。

8.1.1 相关数字量 I/O

与工具快换相关的控制 I/O 共有三组，包括快换接头主盘锁紧与松开、弧口或直口工具的打开与闭合、吸盘真空吸附与破坏。其中，切换工具需要用到主盘控制 I/O，基座与成品的取放需要用到弧口工具控制 I/O，端盖与减速器装配需要用到吸盘控制 I/O，具体的工具快换相关数字量 I/O 名称及不同状态对应变量值如表 8.1 所示。

表 8.1 工具快换相关数字量 I/O

变量 \ 功能	YV1	YV2	YV3	YV4	YV5
主盘锁紧	0	1			
主盘松开	1	0			
夹爪闭合	0	1	0	1	0
夹爪张开	0	1	1	0	0
吸盘真空	0	1	0	0	1
真空破坏	0	1	0	1	0

以上 I/O 在编程时可以直接通过 I/O 指令进行赋值，从而改变相关工具的状态，也可以通过示教器进行手动控制或测试。另外在设备平台上集成了气动操作面板，如图 8.3 所示，操作面板上对应的按钮也是手动控制的一种方式。

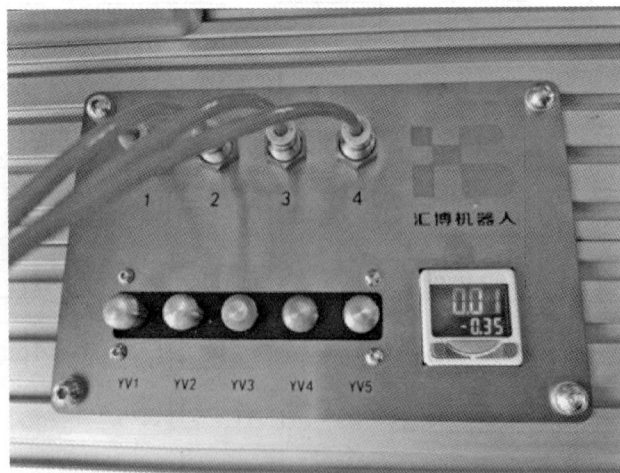
图 8.3 气动操作面板

需要注意的是，以上 I/O 大多成组出现，在编写控制程序或手动操作时要注意成组改变状态，避免出现状态错误导致的碰撞或工具掉落的情况。

8.1.2　工具位置示教及存储

在完成任务过程中，需要频繁取放不同工具，编写多个取放工具的例行程序会大大增加程序编写的工作量，并且在运行过程中容易出现错误。因此编写通用的取放工具例行程序，在需要切换工具的位置进行合理调用，能够有效提升编程效率。

在编写工具快换例行程序之前，需要对三个工具的位置进行示教并存储在位置变量中，示教及存储过程如下：

① 建立包含三个元素的可变量数组，数据类型为 robtarget，如图 8.4 所示，也可以建立三个单独的 robtarget 可变量；

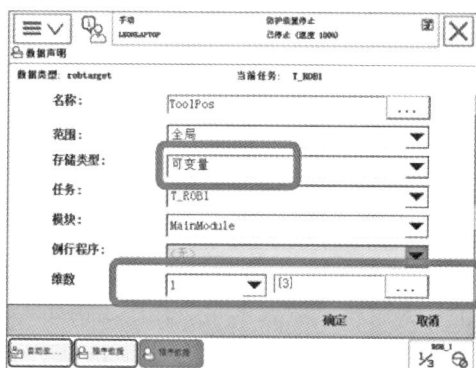

图 8.4　可变量数组

② 将工业机器人分别手动移动至弧口工具、直口工具、吸盘所在位置，并手动控制主盘锁紧、松开，观察工具能够顺利取放后，将三个工具位置依次示教存储在数组的三个组件中，示教如图 8.5 所示。

8.1.3　快换程序编写及调用

完成工具位置示教后，只需要分别编写取工具、放工具的例行程序，通过变量赋值和例行程序调用即可完成工具快换任务，以下以取工具为例进行说明。

① 建立全局变量 ToolPosTemp，数据类型为 robtarget，如图 8.6 所示，无须示教；

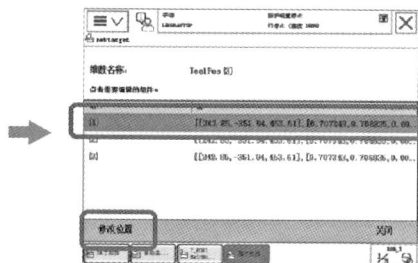

图 8.5　工具位置示教

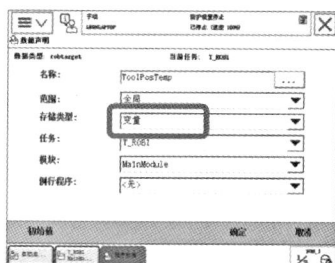

图 8.6　新建全局变量 ToolPosTemp

② 变量建立完成后，使用新建的全局变量 ToolPosTemp 编写取工具例行程序，如表 8.2 所示。

表 8.2 取工具例行程序说明

程序	说明
PROC GJ_qu()	
MoveAbsJ phome\NoEOffs,v200,fine,tool0;	从起始点出发
MoveJ GJ_zj,v200,z0,tool0;	设置取工具过渡点
Reset YV2;	
Set YV1;	松开主盘
WaitTime 0.5;	延时 0.5s
MoveL Offs(ToolPosTemp,0,0,150),v200,z0,tool0;	使用偏移指令移动至工具位置正上方
MoveL ToolPosTemp,v200,fine,tool0;	移动至工具位置
Reset YV1;	
Set YV2;	锁紧主盘
WaitTime 0.5;	延时 0.5s
MoveL Offs(ToolPosTemp,0,0,150),v200,z0,tool0;	移动至工具位置正上方
MoveJ GJ_zj,v200,z0,tool0;	移动至过渡点
MoveAbsJ phome\NoEOffs,v200,fine,tool0;	回到起始点
ENDPROC	

③ 根据任务需求，对未示教的全局变量 ToolPosTemp 进行相应赋值，然后调用取工具例行程序，即可将对应工具安装在机器人末端，程序示例如表 8.3 所示。

表 8.3 取工具例行程序调用

程序	说明
ToolPosTemp:=ToolPos1; GJ_qu;	取弧口工具
ToolPosTemp:=ToolPos2; GJ_qu;	取直口工具
ToolPosTemp:=ToolPos3; GJ_qu;	取吸盘工具

放工具和取工具编程方法与逻辑类似，不需要重新示教目标点。完成取工具与放工具的例行程序后，通过灵活调用即可实现工具快换。

8.2 取基座编程

从立体仓库中取基座是装配任务的第一步，需要完成位置示教、库位确定以及取基座例行程序编写等任务。

8.2.1 位置示教

① 新建包含六个元素的可变量数组 BasePos{6}，数据类型为 robtarget，方法与建立工具位置存储数组方法相同；

② 立体仓库共有 6 个库位，将 6 个可能的基座抓取位置分别示教存储在数组的 6 个数据元素中，如图 8.7 所示。

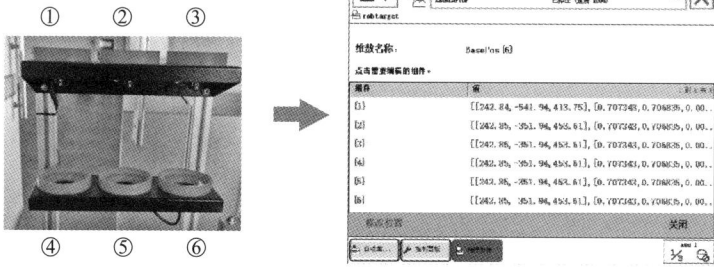

图 8.7　抓取位置示教及存储

注意：在位置示教之前需要在机器人末端安装弧口工具并打开气爪，手动移动机器人至合理位置，示例如图 8.8 所示。

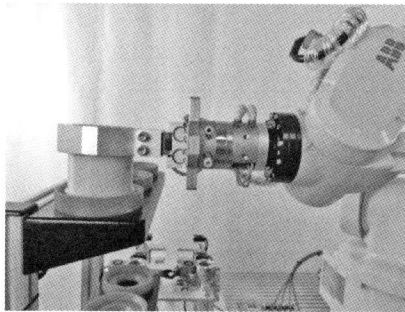

图 8.8　基座抓取位置示例

8.2.2　取基座例行程序编写

① 建立全局变量 BasePosTemp，数据类型为 robtarget，无须示教；

② 根据库位上光电开关反馈的数字量，确定抓取位置。在此过程中需要用到数据类型——stack，系统中已经声明四个 stack 数组，每个数组包含 6 个元素，如图 8.9 所示。

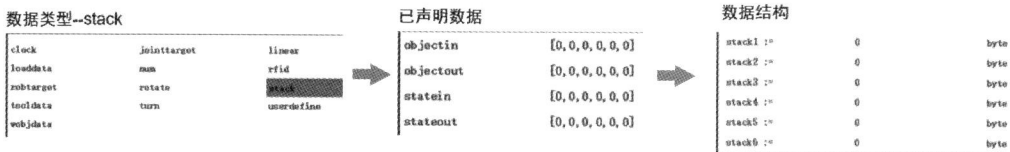

图 8.9　stack 数据

已声明的四个数组中包含的信息如下：

objectin——库位工件信息输入；

objectout——库位工件信息输出；

statein——库位状态输入；

stateout——库位状态输出。

其中，statein 数组中的 6 个数据分别表达的是 6 个库位是否有工件的信息。

③ 根据 statein 数组中数据信息确定取基座位置，判定程序及说明如表 8.4 所示。

表 8.4 确定取基座位置程序

程序	说明
PROC JZWZ()	
IF statein. stack1＝0 THEN	
BasePosTemp：＝BasePos1；	1 号库位取工件
ELSEIF statein. stack2＝0THEN	
BasePosTemp：＝BasePos2；	2 号库位取工件
ELSEIF statein. stack3＝0THEN	
BasePosTemp：＝BasePos3；	3 号库位取工件
ELSEIF statein. stack4＝0THEN	
BasePosTemp：＝BasePos4；	4 号库位取工件
ELSEIF statein. stack5＝0THEN	
BasePosTemp：＝BasePos5；	5 号库位取工件
ELSEIF statein. stack6＝0THEN	
BasePosTemp：＝BasePos6；	6 号库位取工件
ENDIF	
ENDPROC	

④ 确定取基座位置后，全局变量 BasePosTemp 的值随之确定，就可以编写从立体仓库中取基座的例行程序，程序及说明如表 8.5 所示。

表 8.5 取基座例行程序

程序	说明
PPROC JZ_qu()	
MoveAbsJ phome\NoEOffs，v200，fine，tool0；	从起始点出发
Reset YV4；	
Set YV3；	打开弧口气爪
WaitTime 0.5；	延时 0.5s
MoveJ BaseTransit，v200，z0，tool0；	移动至安全过渡点
MoveL Offs(BasePosTemp，0，0，50)，v200，z0，tool0；	使用偏移指令移动至抓取点正上方
MoveL BasePosTemp，v200，fine，tool0；	移动至抓取点
Reset YV3；	
Set YV4；	关闭弧口气爪
WaitTime 0.5；	延时 0.5s
MoveL Offs(BasePosTemp，0，0，50)，v200，z0，tool0；	移动至抓取点正上方
MoveJ BaseTransit，v200，z0，tool0；	移动至安全过渡点
MoveAbsJ phome\NoEOffs，v200，fine，tool0；	返回起始点
ENDPROC	

第9章

基座装配应用编程

① 熟悉RFID模块。

② 掌握工业机器人与RFID模块信息交互编程防范。

① 能够完成RFID读写编程。

② 能够完成基座装配任务。

9.1 RFID 模块简介

在大型生产线上，为了实现流水线自动化，PLC 与 RFID 技术结合的应用不断增加。PLC 作为一种高可靠性的控制装置，与 RFID 进行数据通信，不但可以实现对每一个生产过程的控制与管理，而且可以提高自动化生产流水线的生产效率。

RFID 是 radio frequency identification（射频识别）的缩写，是自动识别技术的一种，通过无线射频方式进行非接触双向数据通信，利用无线射频方式对记录媒体（电子标签或射频卡）进行读写，从而达到识别目标和数据交换的目的，其被认为是 21 世纪最具发展潜力的信息技术之一。

RFID 技术的基本工作原理简介：标签进入阅读器后，接收阅读器发出的射频信号，凭借感应电流所获得的能量发送出存储在芯片中的产品信息（passive tag，无源标签或被动标签），或者由标签主动发送某一频率的信号（active tag，有源标签或主动标签），阅读器读取信息并解码后，送至中央信息系统进行有关数据处理。

阅读器根据使用的结构和技术不同可以是读或读/写装置，是 RFID 系统信息控制和处理中心。阅读器通常由耦合模块、收发模块、控制模块和接口单元组成。阅读器和标签之间一般采用半双工通信方式进行信息交换，同时阅读器通过耦合给无源标签提供能量和时序。在实际应用中，可进一步通过 Ethernet 或 WLAN 等实现对物体识别信息的采集、处理及远程传送等管理功能。

本系统 RFID 系统的阅读器及标签芯片如图 9.1 所示，RFID 模块通过 RS422 串口采用内部总线协议-S7 实现与 PLC 通信。

图 9.1 RFID 读写器及芯片

9.2 工业机器人与 RFID 信息交互

9.2.1 数据接口说明

工业机器人通过自定义的数据类型 rfid 与 PLC 进行数据交互，如图 9.2 所示。该数据类型中包含两个已声明的数组 rfidcon（控制命令）和 rfidstate（状态响应），每个数组中包含 6 个数据接口，如图 9.3 所示。

clock	jointtarget	linear
loaddata	num	rfid
robtarget	rotate	stack
tooldata	turn	userdefine
wobjdata		

图 9.2 RFID 数据接口

```
rfidcon    [20, 2, 1, "fhkliyt*...        command :=    20
rfidstate  [100, 32, 32, "        ".       stepno :=     2
                                           state :=      1
                                           name :=       "fhkliyt*"
                                           date :=       ""
                                           time :=       ""
```

图 9.3 已声明数组及数据结构

图 9.3 中 6 个数据接口的名称及说明如下：

command——命令/响应；

stepno——步序（工序）；

state——工件状态（类型）；

name——操作者标识（以字符或数字组合，最长 8 位）；

date——日期（系统生成，无须操作）；

time——时间（系统生成，无须操作）。

其中，command 在 rfidcon 中为控制字，在 rfidstate 中为状态字，常用控制字及状态字说明如表 9.1 所示。

表 9.1　command 控制字及状态字说明

command 控制字		command 状态字			
指令	功能	指令	功能	指令	功能
0	指令清除	10	写入中	11	写完成
10	写数据	12	写入错误	20	读取中
20	读数据	21	读完成	22	读取错误
30	复位	30	复位中	31	复位完成
		32	复位错误	100	待机

9.2.2　RFID 模块编程

RFID 模块编程主要包括复位程序和数据读写程序。

① RFID 复位程序及说明如表 9.2 所示。

表 9.2　RFID 复位程序

程序	说明
rfidcon. command：＝30； WaitUntil rfidstate. command＝31； rfidcon. command：＝0；	发送 RFID 复位指令 等待复位完成 复位指令清除

② RFID 复位完成后，需要编写、读写程序将必要的信息（如工序、工件类型等）进行写入或读取，示例程序如表 9.3 所示，程序中 rfidcon. stepno 和 rfidcon. state 的值可以根据需求灵活写入，除此之外还可以将 rfidcon. name 以字符串形式写入。

表 9.3　RFID 读写程序示例

功能	程序	说明
写入程序	rfidcon. stepno：＝1； rfidcon. state：＝1； rfidcon. command：＝10； WaitUntil rfidstate. command＝11； rfidcon. command：＝0；	步骤/工序信息(基座出库) 工件类型信息(基座) 发送 RFID 写入指令 等待写入完成 写入指令清除
读取程序	rfidcon. command：＝30； WaitUntil rfidstate. command＝31； rfidcon. command：＝0； rfidcon. stepno：＝4； rfidcon. state：＝4；	发送 RFID 读取指令 等待读取完成 读取指令清除 步骤/工序信息(成品入库) 工件类型信息(成品)

9.3　基于 RFID 的基座装配应用编程

基座装配是在基座夹取及 RFID 写入任务完成的基础上继续完成的任务，通过示教编程、I/O 编程及例行程序调用即可完成基座装配。

图 9.4　基座装配位置

① 本环节需要示教 2 个点位：RFID 写入点和基座装配点。示教时需要夹持基座进行示教以保证点位准确，其中 RFID 写入点位于 RFID 阅读器正上方约 1cm 处，示教后存储于变量 BaseRF（变量类型 robtarget）；基座装配点位于变位机上，装配示教位置如图 9.4 所示，示教后存储于变量 BaseAssemble（变量类型 robtarget）中。

② 编写基座装配程序，示例程序及说明如表 9.4 所示，其中数组输出信号 EXDO7、EXDO8 为一组控制装配气缸加紧与退回的数字输出信号。

表 9.4　基座装配程序示例

程序	说明

PROC Assemble1()
　MoveAbsJ phome\NoEOffs,v200,fine,tool0;
　rfidcon. command:=30;
　WaitUntil rfidstate. command=31;
　rfidcon. command:=0;
　MoveL Offs(BaseRF,0,0,50),v200,z0,tool0;
　MoveL BaseRF,v200,fine,tool0;
　RFID_Write;
　MoveLOffs(BaseRF,0,0,50)v200,z0,tool0;
　MoveL Offs(BaseAssemble,0,0,50),v200,z0,tool0;
　MoveL BaseAssemble,v200,fine,tool0;
　Reset EXDO8;
　Set EXDO7;
　WaitTime0. 5;
　Reset YV4;
　Set YV3;
　WaitTime 0. 5;
　MoveL Offs(JZfang,0,0,50),v200,z0,tool0;
　MoveAbsJ phome\NoEOffs,v200,fine,tool0;
ENDPROC
	从起始点出发
	
	RFID 初始化
	使用偏移指令移动至 RFID 写入点正上方
	移动至 RFID 写入点
	调用 RFID 写入例行程序
	
	使用偏移指令移动至装配点正上方
	基座放置在装配点
	
	装配气缸夹紧
	延时 0.5s
	
	松开弧口气爪
	
	返回起始点

③ 完成基座装配任务后，调用放回工具例行程序将弧口工具放回工具快换架，至此基座装配完成。

第10章

电机装配应用编程

知识目标

① 熟悉旋转供料装置和变位机装置自定义数据类型。

② 熟悉旋转供料装置和变位机装置的控制方法。

能力目标

① 能够完成旋转供料装置和变位机装置的运动控制编程。

② 能够完成电机装配任务。

基座装配完成后，接下来需要安装直口夹爪工具，将电机从旋转供料装置取走并进行装配。电机装配任务主要包括位置示教与存储、旋转供料装置控制、电机装配等任务，电机装配完成后需要将变位机进行旋转以便进行下一步装配。

10.1 旋转供料装置控制编程

10.1.1 数据接口说明

工业机器人通过自定义的数据类型 rotate 与 PLC 进行数据交互，如图 10.1 所示。该数据类型中包含两个已声明的数组 rotatecon（控制命令）和 rotatestate（状态响应），每个数组中包含 2 个数据接口，如图 10.2 所示，其名称及说明如表 10.1 所示。

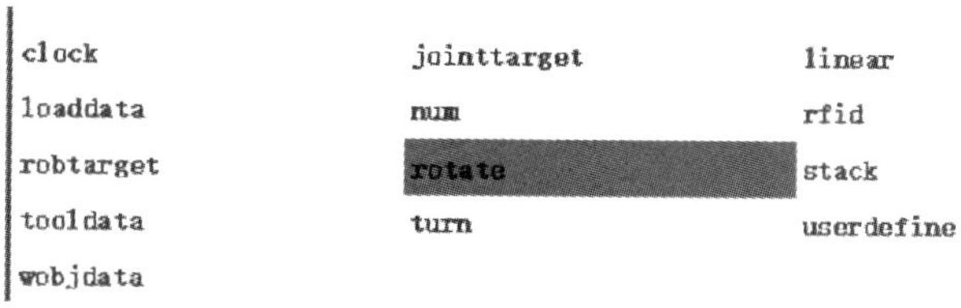

clock	jointtarget	linear
loaddata	num	rfid
robtarget	rotate	stack
tooldata	turn	userdefine
wobjdata		

图 10.1　旋转供料装置数据接口

| rotatecon | [0,0] | → | syscom := | 0 |
| rotatestate | [0,0] | → | concom := | 0 |

图 10.2　已声明数组及数据结构

表 10.1　已声明 rotate 数据说明

已声明数据	说明
rotatecon	syscom 系统命令： 旋转供料轴使能；使能＝1；报警复位＝2；下使能＝0
	concom 运行指令： 旋转供料运动指令；寻原点＝1；相对位移＝2；正转＝30；反转＝40；指令重置＝100；回零完成响应＝11；相对位移完成响应＝12
rotatestate	syscom 系统命令： 旋转供料轴状态；使能＝1；报警＝2；待机＝3；无响应＝10
	concom 运行指令： 旋转供料运动状态；回零命令确认＝1，回零完成＝11；相对位移命令确认＝2，相对位移完成＝12（单次运行 60°）

旋转供料装置由步进电机驱动，不具备绝对定位功能，每一次定位均采用相对定位方式运动。在旋转供料装置上设置了 2 个光电开关，分别用于定位装置的零点位置和工件位置。零点定位信号在 PLC 进行工艺组态时使用，用于旋转供料装置回零；工件定位信号位于转盘下方，当受到遮挡时输出高电平信号，用来判断相对定位完成后工件是否到位，对应信号为数字输入信号 EXDI9。

10.1.2　旋转供料装置控制编程

旋转供料装置控制编程包括装置回零点编程和工件定位编程。

① 旋转供料模块回零点程序在 PLC 正确组态工艺对象的基础上完成，回零点程序及说明如表 10.2 所示。

表 10.2　旋转供料模块回零点程序

程序	说明
rotatecon. syscom：＝0； rotatecon. concom：＝0； WaitUntil rotatestate. syscom＝10； rotatecon. syscom：＝1； WaitUntil rotatestate. syscom＝1； rotatecon. concom：＝1； WaitUntil rotatestate. concom＝1； rotatecon. concom：＝0； WaitUntil rotatestate. concom＝11； rotatecon. concom：＝11； WaitUntil rotatestate. concom＝0； rotatecon. concom：＝0； WaitTime 0.5；	通信初始化 反馈通信正常 使能 等待使能完成 回零 指令确认 回零开始 等待回零完成 回零完成响应 回零完成清除 回零完成响应清除 延时

② 工件定位编程使用的是固定相对位移进行移动定位。回零完成后，检测工件到位光电开关（EXDI9）是否有高电平信号，如果没有说明工件没有到达光电开关上方，则执行一次相对位移（60），相对位移完成后重新检测，具体程序及说明如表 10.3 所示。

循环内部程序为控制旋转供料装置执行一次相对位移的控制程序，当跳出循环时说明工件到达定位光电开关正上方。实际抓取位置根据实际需求确定，例如工件到达定位开关上方后需要继续旋转一个孔距到达抓取示教点，则在循环外再次编写一次相对位移程序即可。

表 10.3　旋转供料模块工件定位程序

程序	说明
WHILE EXDI9＝0 DO	条件循环,工件未到位
rotatecon. concom：＝2；	相对位移,旋转到下一个
WaitUntil rotatestate. concom＝2；	指令确认
rotatecon. concom：＝0；	开始旋转
WaitUntil rotatestate. concom＝12；	旋转完成
rotatecon. concom：＝12；	旋转完成响应
WaitUntil rotatestate. concom＝0；	旋转完成清除
rotatecon. concom：＝0；	旋转完成响应清除
WaitTime 0. 5；	延时
ENDWHILE	

10.2　电机装配编程

旋转供料装置旋转到位后,就可以安装直口工具并完成电机装配任务。电机装配任务主要包括点位示教、程序编写调试。

① 本环节需要示教 2 个点位——电机抓取点及装配点,点位示教前需要安装直口手抓工具。旋转供料装置停止时电机所在位置即电机抓取位置,如图 10.3 所示,示教后存储于变量 MotorPick（变量类型 robtarget）；手动控制机器人夹取电机,移动至装配台上方已固定基座的中心处,夹爪松开后电机能够落入对应位置,此处即为电机装配位置,如图 10.4 所示,示教后存储于变量 MotorAssemble（变量类型 robtarget）中。

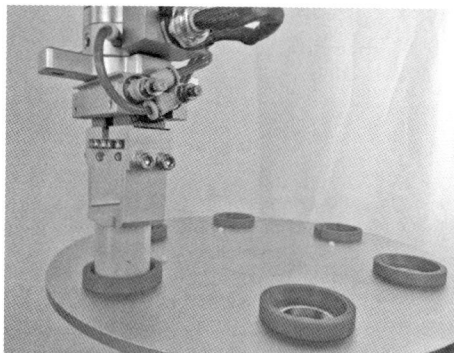

图 10.3　电机抓取位置

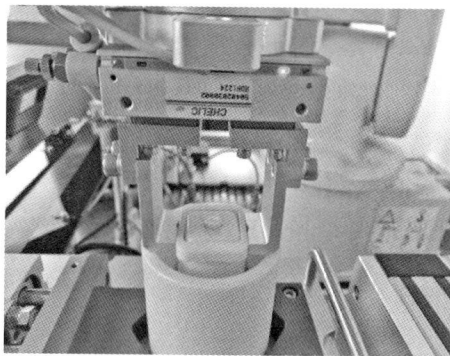

图 10.4　电机装配位置

② 编写电机装配程序,示例程序及说明如表 10.4 所示。

表 10.4　电机装配示例程序及说明

程序	说明
PROC Assemble2()	
MoveAbsJ phome\NoEOffs,v200,fine,tool0；	
Reset YV4；	
Set YV3；	打开气爪
WaitTime 0. 5；	
MoveL Offs(MotorPick,0,0,50),v200,z0,tool0；	使用偏移指令移动至夹取点正上方

程序	说明
MoveL MotorPick,v200,fine,tool0;	移动至夹取点
Reset YV3;	
Set YV4;	关闭气爪
WaitTime 0.5;	
MoveL Offs(MotorPick,0,0,50),v200,z0,tool0;	
MoveL Offs(MotorAssemble,0,0,50),v200,z0,tool0;	使用偏移指令移动至装配点正上方
MoveL MotorAssemble,v200,fine,tool0;	移动至装配点
Reset YV4;	
Set YV3;	打开气爪
WaitTime 0.5;	
MoveL Offs(MotorAssemble,0,0,50),v200,z0,tool0;	
MoveAbsJ phome\NoEOffs,v200,fine,tool0;	
ENDPROC	

10.3 变位机控制

装配完成后控制变位机旋转，以便进行下一步端盖装配。以控制变位机向面向机器人一侧旋转 20°为例进行说明。

10.3.1 数据接口说明

工业机器人通过自定义的数据类型 turn 与 PLC 进行数据交互，如图 10.5 所示。该数据类型包含两个已声明的数组 turncon（控制命令）和 turntate（状态响应），每个数组中包含 3 个数据接口，如图 10.6 所示。

```
clock            jointtarget         linear
loaddata         num                 rfid
robtarget        rotate              stack
tooldata         turn                userdefine
wobjdata
```

图 10.5　旋转变位机数据接口

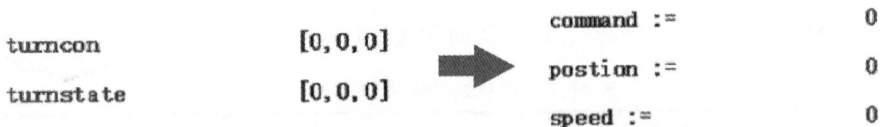

```
turncon      [0,0,0]    ➡    command :=    0
turntate     [0,0,0]         postion :=    0
                              speed :=      0
```

图 10.6　已声明 turn 数组及数据结构

command—命令；postion—目标位置；speed—旋转速度

10.3.2 变位机控制编程

变位机是伺服驱动装置，采用绝对方式定位，控制程序示例及说明如表 10.5 所示。

表 10.5　变位机控制程序示例及说明

功能	程序	说明
翻转	turncon. command：＝3； turncon. postion：＝－20； turncon. speed：＝100； WaitUntil turnstate. postion＝－20； turncon. command：＝0；	控制命令 目标位置－20° 旋转速度 等待运动至目标位置 控制命令清零
回零	turncon. command：＝3； turncon. postion：＝0； turncon. speed：＝100； WaitUntil turnstate. postion＝0； turncon. command：＝0；	目标位置 0° 旋转速度 等待运动至目标位置 控制命令清零

通过以上程序即可实现对变位机的控制，执行翻转控制效果如图 10.7 所示，执行回零程序变位机回到水平位置。

图 10.7　翻转控制效果

第11章
机器视觉应用编程

知识目标 🔧

① 熟悉工业机器人Socket通信常用编程指令。

② 掌握工业机器人Socket通信编程方法。

③ 掌握机器人视觉引导工业机器人抓取的方法。

能力目标 🔧

① 能够实现工业机器人与工业相机通信。

② 能够获取工件类型以及输出法兰在传送带末端旋转角度，并且引导工业机器人抓取。

③ 能够完成输出法兰装配，并完成成品入库。

基座和电机装配完成后，下一步进行减速器和输出法兰装配，需要机器视觉进行辅助装配。减速器与输出法兰装配过程基本相同，其中输出法兰装配涉及角度识别与补偿，装配难度和复杂程度相对较大，因此本任务以输出法兰装配为例进行说明。

图 11.1　输出法兰放置角度与装配角度

输出法兰存放在并式供料气缸中，由推送气缸将输出法兰推送至传送带，伺候传送带开启，当输出法兰运行至传送带末端时进行视觉识别，最后由机器人完成装配。输出法兰在传送带末端的角度是不固定的，但是输出法兰和关节基座的装配关系是固定的，如图 11.1 所示。因此法兰装配采用基于视觉"相对位置"法，即示教输出法兰的抓取基准点以及抓取基准点相对应的装配目标点。然后根据相机获取的输出法兰的角度值，在基准点的基础上，补偿抓取基准点的角度，如图 11.2 所示，此方法只需要在抓取输出法兰时补偿一次。

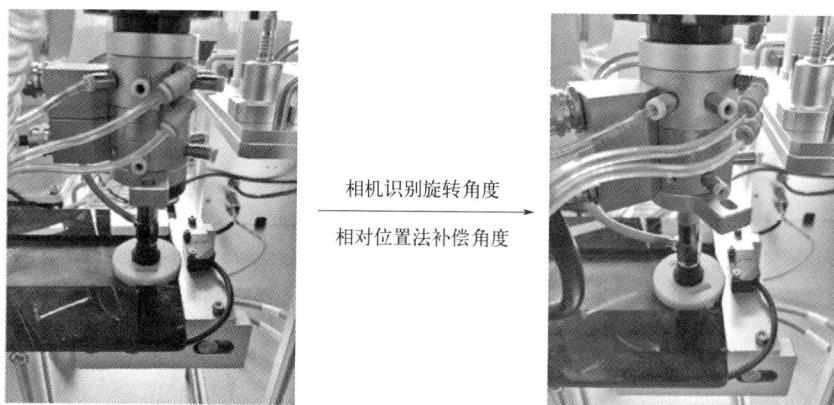

图 11.2　相对位置法角度补偿

本任务主要包括气缸与传送带控制、相机通信与拍照控制、角度识别、法兰装配等关键环节，具体流程如图 11.3 所示。

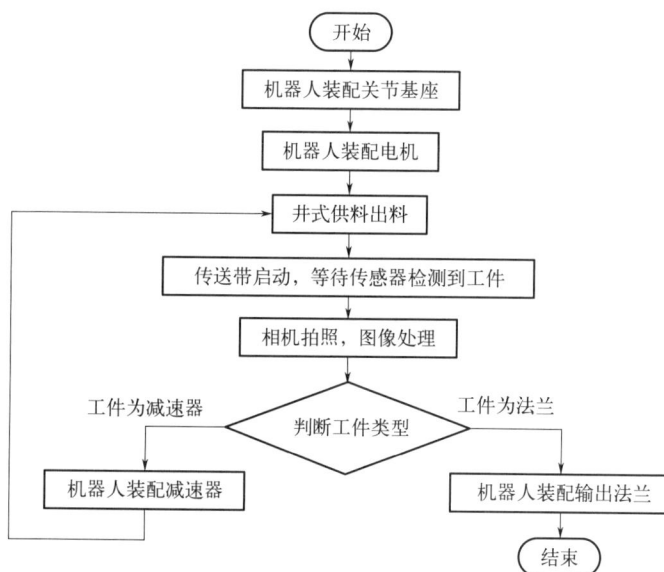

图 11.3　基于视觉的关节装配流程

11.1　相机调试及视觉训练

本平台使用 COGNEX（康耐视）In-Sight 2000 视觉传感器，平台电脑安装相机专用调试软件 In-Sight explorer。

11.1.1　相机调试

相机及采集画面的调试是完成视觉识别任务的基础，相机调试关键流程包括：

① 手动将连接电脑的 IP 地址设为 192.168.101.88，子网掩码为 255.255.255.0。

② 打开软件 In-Sight Explorer，连接相机，如图 11.4 所示。

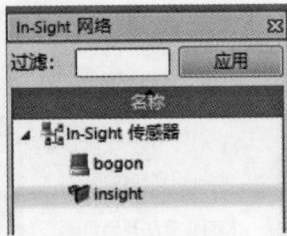

图 11.4 连接相机画面

③ 相机设置为"实况视频"模式，如图 11.5 所示，以便随时观察拍摄画面质量，调整相机参数。

图 11.5 "实况视频"模式

④ 如果画面质量、范围不够理想，可以使用一字螺丝刀调试相机焦距（一般不需要此项操作），如图 11.6 所示。

⑤ 选择图像设置，调试亮度、曝光、光源强度等参数，直至获取理想拍摄质量，如图 11.7 所示。

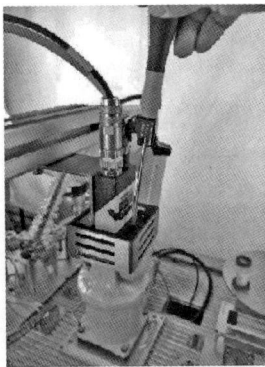

图 11.6 调试相机焦距

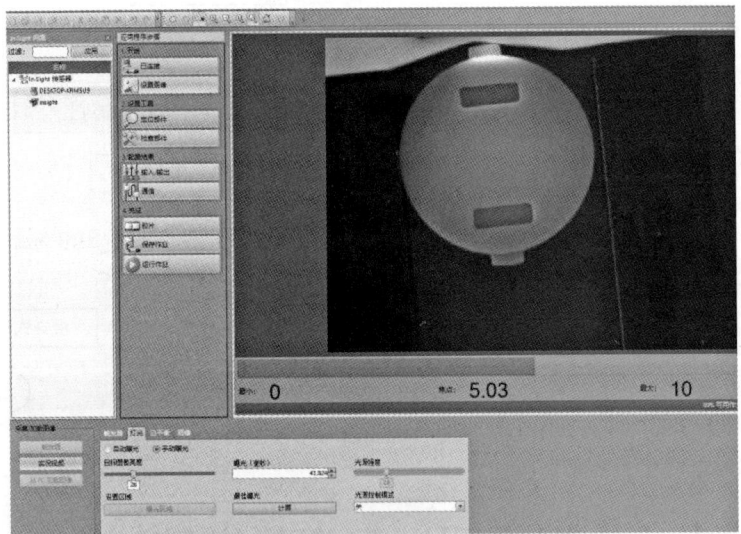

图 11.7 调整相机参数

11.1.2 视觉训练及数据输出

相机调试完成后，需要完成视觉训练，训练后测试稳定识别工件将所需结果进行配置输出，之后通过机器人程序就可以对相机进行控制并读取所需结果。

① 相机拍摄质量调试理想后，离开"实况视频"模式，点击单次触发拍摄一张稳定图片，注意拍摄工件所处角度应与输出法兰的抓取基准点相同，一般法兰两侧凸起中心连线与传送带边缘垂直或平行。

② 点击定位部件，添加矩形定位工具，调整定位框大小使其包围工件主要特征区域，调整其方向使边框与工件两侧凸起连线平行，调整完成后点击"确定"，在编辑工具页面修改工具名称为 Flange（或根据需求修改为其他名称），如图 11.8 所示。

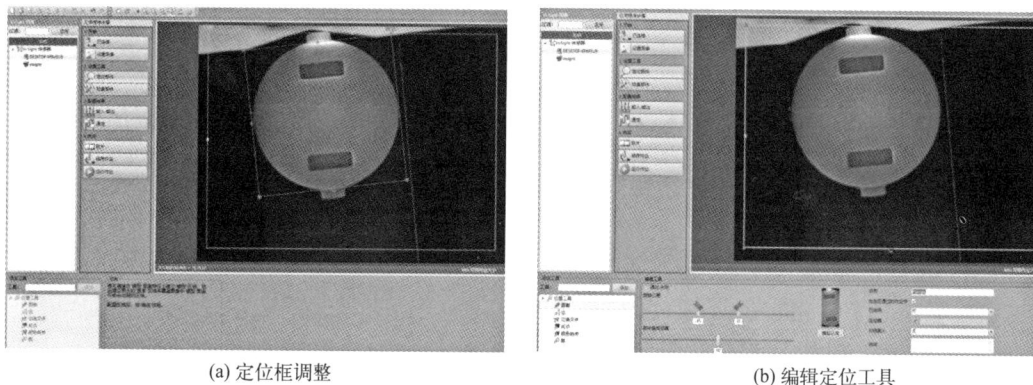

(a) 定位框调整　　　　　　　　　　　　(b) 编辑定位工具

图 11.8　定位部件

训练完成后，就可以对同一类型的工件进行拍照定位，识别其旋转角度。此外，可以通过检查部件工具对工件颜色进行训练和识别。

③ 将识别结果进行格式化输出，使机器人可以通过通信程序读取识别结果。首先，需要添加通信协议，再选择相应数据进行格式化输出，在本任务中需要对工件定位通过数据（Flange. Pass）和工件旋转角度数据（Flange. Fixture. Angle）进行输出，如图 11.9 所示，在 In-sight Explorer 可以观察到每一次拍照的数据值。

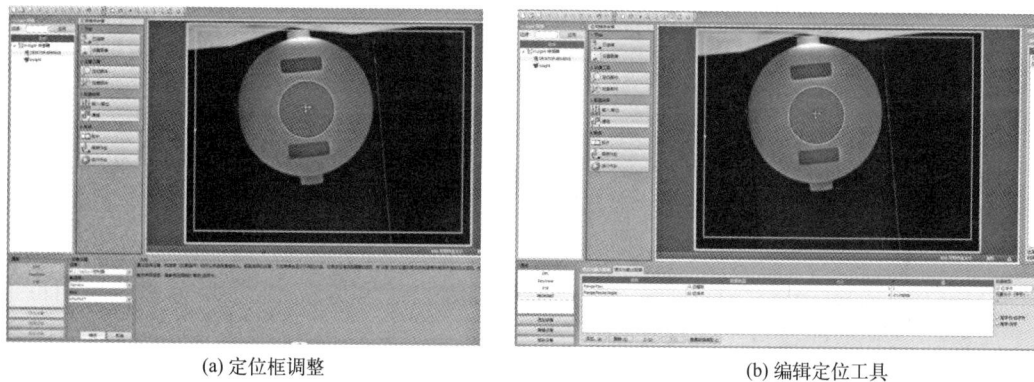

(a) 定位框调整　　　　　　　　　　　　(b) 编辑定位工具

图 11.9　视觉识别数据输出设置

至此，视觉工程建立并配置完成，保存并运行作业，设置工业相机进入联机模式，通过后续任务完成机器人对视觉数据的读取与应用。

11.2　机器人与相机通信程序设计

ABB 机器人常用的 Socket 编程指令包括：SocketClose、SocketCreate、SocketConnect、Sock-etGetStatus、SocketReceive、SocketSend。

（1）SocketClose

指令：SocketClose Socket。

功能：关闭套接字。

参数：Socket——有待关闭的套接字。

示例：SocketClose socket1;! 关闭套接字 socket1。

（2）SocketCreate

指令：SocketCreate Socket。

功能：创建 Socket 套接字。

参数：Socket——用于储存系统内部套接字数据的变量。

示例：SocketCreate socket1;! 创建套接字 socket1。

（3）SocketConnect

指令：SocketConnect Socket Address Port。

功能：建立 Socket 连接。

参数：Socket——有待连接的服务器套接字，必须创建尚未连接的套接字。

Address——远程计算机的 IP 地址，不能使用远程计算机的名称。

Port——位于远程计算机上的端口。

示例：SocketConnect socket1, "192.168.0.1", 1025;

! 尝试与 IP 地址 192.168.0.1 和端口 1025 处的远程计算机相连。

（4）SocketGetStatus

指令：SocketGetStatus（Socket）。

功能：获取套接字当前的状态。

参数：Socket——用于储存系统内部套接字数据的变量。

示例：state:=SocketGetStatus(socket1);! 返回 socket1 套接字当前的状态。

套接字状态包括 SOCKET_CREATED、SOCKET_CONNECTED、SOCKET_BOUND SOCKET_LIS SOCKET_CLOSED。

（5）SocketReceive

指令：SocketReceive Socket[\Str]|[\RawData]|[\Data]。

参数：Socket——在套接字接收数据的客户端应用中，必须已经创建和连接套接字。

[\Str]|[\RawData]|[\Data]——应当储存接收数据的变量。同一时间只能使用可选参数 \Str、\RawData 或 \Data 中的一个。

示例：SocketReceive socket1\Str:=str_data; ! 从远程计算机接收数据，并将其储存在字符串变量 str_data 中。

（6）SocketSend

指令：SocketSend Socket[\Str]|[\RawData]|[\Data]。

参数：Socket——在客户端应用中，必须已经创建和连接用于发送的套接字。

[\Str]|[\RawData]|[\Data]——将数据发送到远程计算机。同一时间只能使用可选参数 \Str、\RawData 或 \Data 中的一个。

示例：SocketSend socket1\Str:="Hello world"; ! 将消息 "Helloworld" 发送给远程计算机。

在 ABB 机器人中，Socket 通信指令在 Communicate 进行选择并添加到编程环境，如

图 11.10 所示。

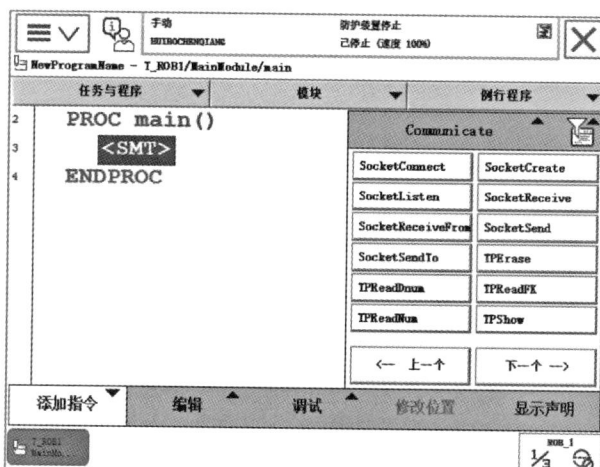

图 11.10　添加 SOCKET 通信指令

11.3　基于视觉定位的关节装配应用编程

11.3.1　机器人与相机建立 socket 连接

（1）多任务创建

机器人与相机需要在执行任务时全程保持通信，因此通信程序与机器人执行任务程序是两个同时运行但又保持独立的进程，需要创建一个独立的任务保持机器人与相机的通信。

① 进入主菜单—控制面板—配置页面，点击主题选择 Controller，选择 Task 进入任务编辑页面，如图 11.11 所示。

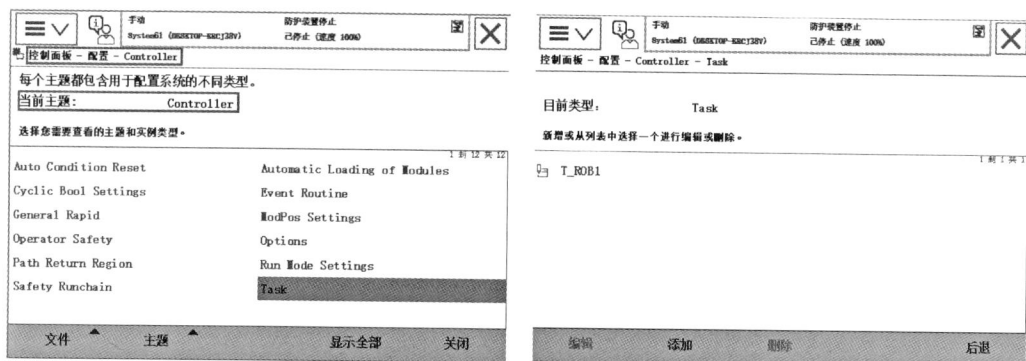

图 11.11　进入任务编辑页面

② 在任务编辑界面点击"添加"，添加相机任务，如图 11.12 所示。

添加完成后，在示教器选择要"停止"和"启动"的任务选项就可以看到两个独立的进程——机器人任务和相机任务，如图 11.13 所示，可以根据运行需求选择启动或停止的任务。

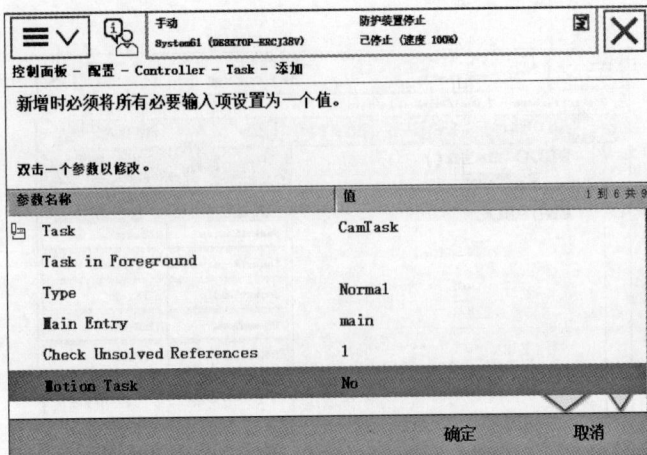

图 11.12 新建相机任务

③ 进入主菜单—程序编辑器页面，如图 11.14 所示，选择 CamTask 任务，点击文件—新建程序，就可以建立相机任务程序并进入编程页面。

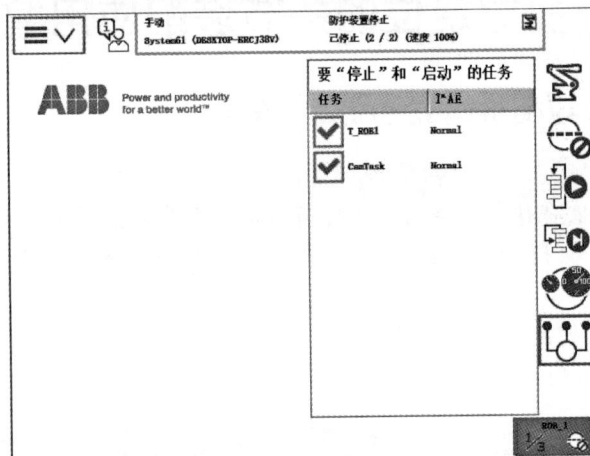

图 11.13 多任务选择

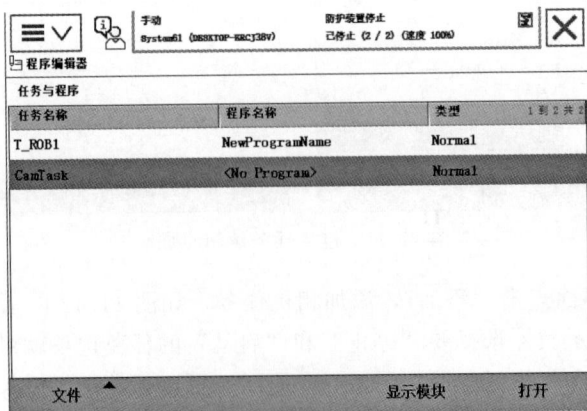

图 11.14 程序编辑器页面

（2）机器人与相机通信程序编写

① 建立同名变量。相机任务和机器人任务相互独立，两个任务所使用的变量也是相互独立的，为了实现两个任务之间数据的通信，需要建立同名变量，即在两个任务中分别建立完全相同的若干变量。

进入程序数据查看页面，点击更改范围可以选择查看和编辑对应任务的全部数据，如图 11.15 所示。

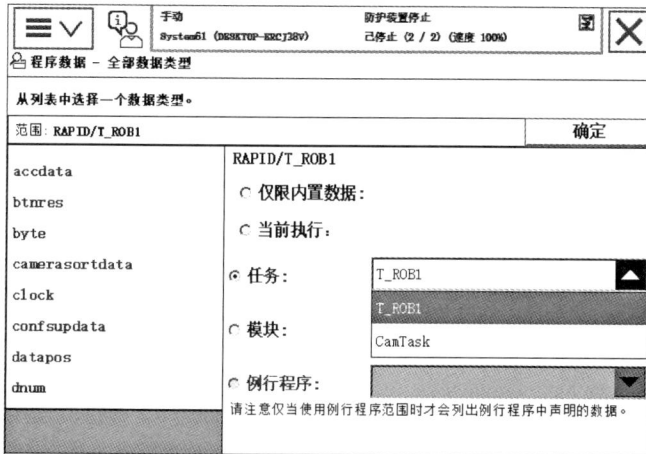

图 11.15　程序数据范围选择

需要建立的变量如表 11.1 所示。

表 11.1　多任务同名变量

变量名称	数据类型	存储类型	所属任务	说明
CamStart	bool	可变量	T_ROB1	相机触发信号
CamStart	bool	可变量	CamTask	
strRec	string	可变量	T_ROB1	存储通信返回字符串
strRec	string	可变量	CamTask	
Rotation	num	可变量	T_ROB1	存储法兰角度数值
PartType	num	可变量	T_ROB1	存储工件类型

② 在 CamTask 任务中编写相机通信及拍照控制程序，具体程序及说明如表 11.2 所示。

表 11.2　相机通信及拍照控制程序

程序	说明
PROC main()	CamTask 任务主程序
SocketClose ComSocket;	关闭 socket 套接字：ComSocket
WaitTime 1;	
SocketCreate ComSocket;	创建 socket 套接字：ComSocket
SocketConnect ComSocket,"192.168.10.50",3010	建立 socket 连接，IP="192.168.101.50"，端口"3010"

程序	说明
SocketReceive ComSocket\Str：＝strRec；	接收相机确认数据，并保存到变量 strRec
SocketSend ComSocket\Str：＝"admin\0d\0a"；	发送用户名"admin"给相机，\0d\0a 代表回车换行
SocketReceive ComSocket\Str：＝strRec；	接收相机返回的数据
SocketSend ComSocket\Str：＝"\0d\0a"；	发送密码给相机（密码为空）
SocketReceive ComSocket\Str：＝strRec；	接收相机返回的数据
WHILE TRUE DO	循环条件
IF CamStart＝TRUE THEN	判断收到拍照信号
SocketSend ComSocket\Str：＝"sw8\0d\0a"；	发送相机拍照控制指令：se8\0d\0a
SocketReceive ComSocket\Str：＝strRec；	返回数据：1 代表拍照成功
CamStart：＝FALSE；	拍照信号复位
ENDIF	
WaitTime 0.5；	
ENDWHILE	
ENDPROC	

11.3.2 读取相机识别数据

相机任务中通信程序编写完成后，需要在机器人任务 T_ROB1 中发送相机拍照信号并读取识别结果数据。

（1）相机触发

工件存放在井式供料装置中，机器人安装吸盘工具后，送料气缸将工件推出，启动传送带，等待工件到达传送带末端后发出相机触发信号，控制相机完成一次图像采集，程序示例及说明如表 11.3 所示。

表 11.3　相机触发控制程序

程序	说明
Set EXDO2；	送料气缸推出
WaitTime2；	延时
Reset EXDO2；	送料气缸退回
Set EXDO16；	启动传送带
WaitDI EXDI4，1；	等待末端光电开关信号输出
WaitTime 3；	延时，确保工件到达传送带末端
Reset EXDO16；	传送带停止运行
xiangjistart：＝TRUE；	发送相机触发信号

（2）相关字符串处理指令简介

数据读取程序中，需要对相机返回的字符串进行处理，用到的指令主要包括 StrPart、StrToVal 和 StrLen。

① StrPart 指令。

指令：StrPart(Str ChPos Len)。

功能：获取指定位置开始长度的字符串。

参数：Str——字符串数据。

      ChPos——字符串开始位置。

      Len——截取字符串的长度。

示例：Part：＝StrPart(″Robotics″,1,5)；　！变量 Part 的值为"Robot"。

② StrToVal 指令。

指令：StrToVal(Str Val)。

功能：将字符串转换为数值。

参数：Str——字符串数据。

　　　Val——保存转换得到的数值的变量。

示例：ok：＝StrToVal(″3.14″,nval)；变量 nval 的值为 3.14。

③ StrLen 指令。

指令：StrLen(Str)。

功能：获取字符串的长度。

参数：Str——字符串数据。

示例：len：＝StrLen("Robotics")；变量 len 的值为 8。

（3）相机识别工件类型编程

在相机工程中，完成了输出法兰的模型定位训练，并对定位通过数据 Flange.Pass 进行输出。通过该数据对减速器和输出法兰进行区分，如果 Flange.Pass 输出为 1，则判断工件类型为输出法兰，为 0 则判断工件类型为减速器，具体识别程序如表 11.4 所示。

表 11.4　相机识别工件类型程序

程序	说明
WaitTime 2；	
SocketSend ComSocket\Str：＝″GVFlange.Pass\0d\0a″；	发送识别工件类型指令（GV 为固定前缀）
SocketReceive ComSocket\Str：＝strRec；	接收相机返回的数据
strRec：＝StrPart(strRec,4,StrLen(strRec)-5)； （所截取的对象，从第 4 位开始截取，所需要截取的位数）	分割字符串，获取工件类型数据字符串
ok：＝StrToVal(strRec,ReturnData)；	将工件类型数据字符串转换为数值，保存在 ReturnData
IF ReturnData＝0 THEN	如果返回的工件类型数值为 0
PartType：＝1；	工件类型变量赋值 1（工件为减速器）
ELSEIF ReturnData＝1 THEN	如果返回的工件类型数值为 1
PartType：＝2；	工件类型变量赋值 2（工件为输出法兰）
ENDIF	结束判断

（4）获取工件旋转角度编程

如果相机识别工件类型为输出法兰，则需要进一步识别输出法兰在传送带末端的旋转角度，获取工件旋转角度程序示例及说明如表 11.5 所示。

表 11.5　获取工件旋转角度示例程序

程序	说明
IF ReturnData＝0 THEN	如果返回的工件类型数值为 0
PartType：＝1；	工件类型变量赋值 1（工件为减速器）
ELSEIF ReturnData＝1 THEN	如果返回的工件类型数值为 1
PartType：＝2；	工件类型变量赋值 2（工件为输出法兰）
SocketSend ComSocket\Str：＝ ″GVFlange.Fixture.Angle\0d\0a″；	发送获取工件旋转角度指令
SocketReceive ComSocket\Str：＝strRec；	接收相机返回的数据
strRec：＝StrPart(strRec,4,StrLen(strRec)-5)；	分割字符串中，获取工件旋转角度的字符串数据

续表

程序	说明
ok:=StrToVal(strRec,Rotation);	将字符串数据转换为数值,并赋值给变量 Rotation
ENDIF	结束判断
SocketClose ComSocket;	关闭 socket 套接字连接

（5）基于视觉的法兰装配

法兰装配过程需要安装吸盘工具并示教两个点位,分别为法兰抓取点（pick_falan）和法兰装配点（Assem_falan）。法兰抓取点示教时需要法兰摆放方式与视觉训练时一致,装配点示教时法兰两侧凸起与外壳凹槽对齐并使法兰上沿与外壳上沿齐平。

抓取法兰时,由于法兰在传送带末端角度随机,因此需要用到相机识别角度进行补偿。装配时,机器人将法兰放置在示教位置后需要继续旋转 90°,从而保证输出法兰处于锁紧状态。该任务角度的补偿及旋转的解决办法是使用 RelTool 功能,程序示例及说明如表 11.6 所示。

表 11.6 基于视觉的法兰装配示例程序

程序	说明
PROC AssembleFL()	
MoveJ home,v200,z10,tool0;	
MoveJ RelTool(pick_falan,0,0,-50\Rz:=-Rotation),v200,z10,tool0;	移动到相对抓取点沿工具 Z 轴偏移 −50 并旋转 Rotation 角度
MoveL RelTool(pick_falan,0,0,0\Rz:=-Rotation),v50,fine,tool0;	移动到相对 pick_falan 点绕工具 Z 轴旋转 Rotation 角度的位置
SetDO YV5,1;	开启吸盘
WaitTime 1;	
MoveL RelTool(pick_falan,0,0,-50\Rz:=-Rotation),v50,fine,tool0;	
MoveJ home,v200,z10,tool0;	回到起始点
MoveJ RelTool(Assem_falan,0,0,-50),v200,z0,tool0;	移动到相对装配点沿工具 Z 轴偏移 −50 位置
MoveL Assem_falan,v200,fine,tool0;	移动至装配点
MoveL RelTool(Assem_falang,0,0,0\Rz:=90),v200,fine,tool0;	绕工具 Z 轴旋转 90°
Reset YV5;	关闭吸盘
MoveL RelTool(Assem_falan,0,0,-50),v200,z0,tool0;	
MoveAbsJ phome\NoEOffs,v200,fine,tool0;	
ENDPROC	

至此,基于视觉的关节装配任务的主要环节完成,装配完成之后参照前序章节将变位机翻转到水平状态,最后参照基座抓取任务完成成品入库环节,全部装配任务结束。

思考与练习

11-1 请使用 In-sight explorer 完成黄、蓝、红三种输出法兰的颜色训练和识别,并将识别结果进行格式化输出。

11-2 请编写圆形减速器的装配程序。

11-3 请按照任务流程,在 T-ROB1 任务主程序中合理调用例行程序,完整完成其视觉的关机装配任务。

第12章

工业机器人绘图应用离线编程

知识目标

① 掌握工业机器人自动生成仿真路径的方法。

② 掌握工业机器人运行轨迹及轴参数配置的方法。

③ 掌握离线编程验证的方法。

能力目标

① 能够导入工业机器人仿真工作站。

② 能够完成绘图离线编程并完成在线验证。

工业机器人应用编程1+X中级考核的离线编程为绘图任务，通过离线编程生成绘图路径，将离线程序以及自定义坐标系同步到实际工作站，适当修改后使机器人完成绘图。

12.1 工业机器人绘图离线编程

12.1.1 工作站导入

① 打开工业机器人仿真软件 RobotStudio，在导入模型库选项下，选择浏览库文件，找到工作台文件所在位置并将工业机器人考核平台导入仿真环境，如图 12.1 所示。

② 导入 ABB IRB120 机器人，将工业机器人放置在工作台中间的机器人安装基座上，添加机器人控制系统，如图 12.2 所示。

③ 导入绘图工具模型和绘图模型，将绘图工具安装在机器人末端，将绘图模型放置在工作台机器人正前方，在关节坐标系下将机器人手动移动至原点位置（0°，−20°，20°，0°，90°，0°），得到完整工作站，如图 12.3 所示。

12.1.2 离线编程

① 工具模型已提供工具坐标系无须标定，采用三点法标定工件坐标系，如图 12.4 所示。

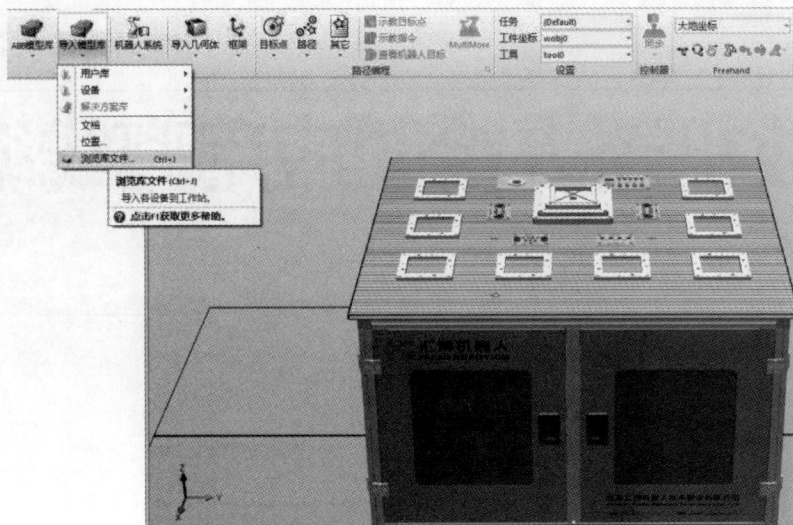

图 12.1 导入工业机器人仿真工作台

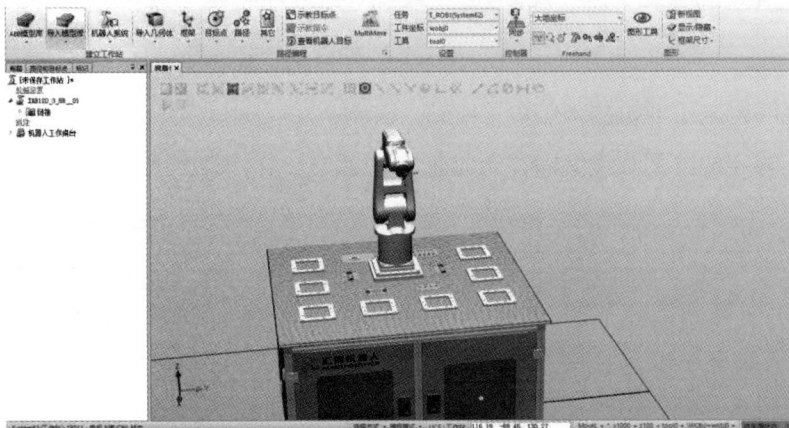

图 12.2 导入工业机器人

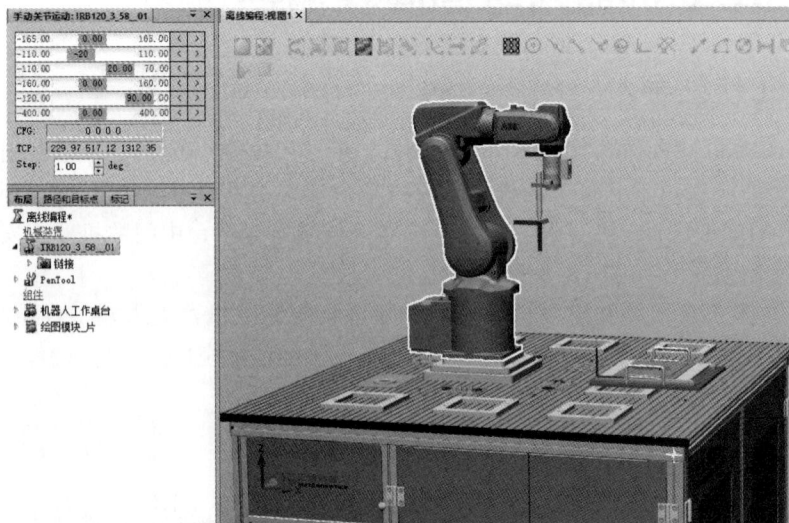

图 12.3 完整绘图仿真工作站

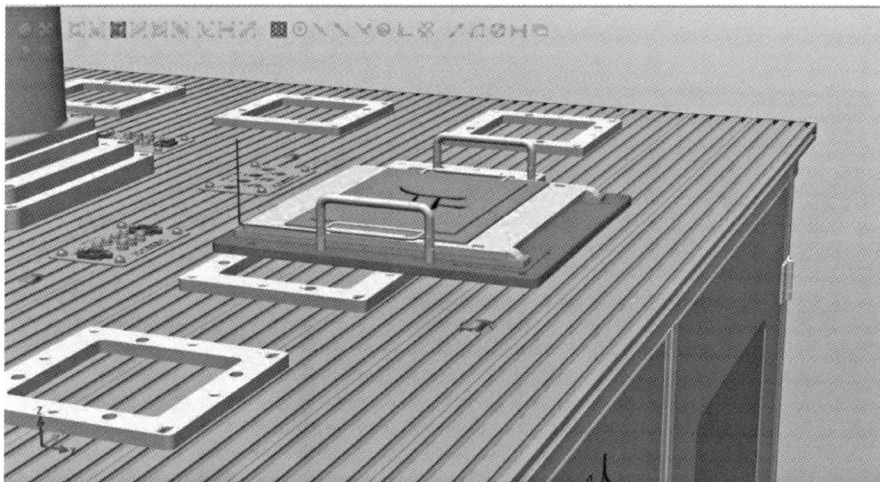

图 12.4　创建工件坐标系

② 设置工件坐标为 WorkObject_1，工具坐标系为 PenTool，点击"路径"，再选择"自动路径"，如图 12.5 所示。

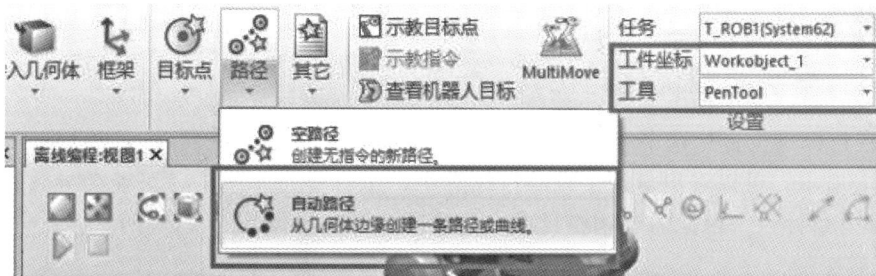

图 12.5　坐标系设置并选择自动路径

③ 在生成自动路径模式下，选中边缘捕捉，按住 Shift 键选择字体轮廓上某一条曲线就可以自动选中字体轮廓的所有曲线，形成完整封闭路径后点击"创建"，如图 12.6 所示。

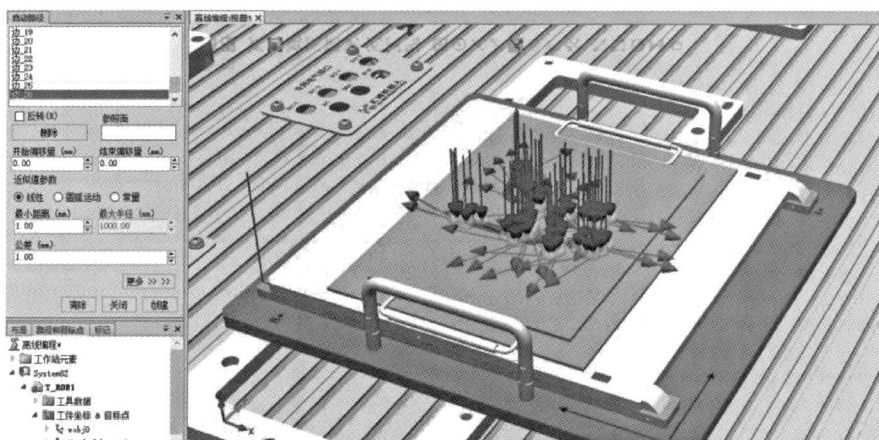

图 12.6　创建自动绘图路径

④ 创建路径后生成路径 Path_10，并在工件坐标系 WorkObject_1 下自动生成目标点，如图 12.7 所示。

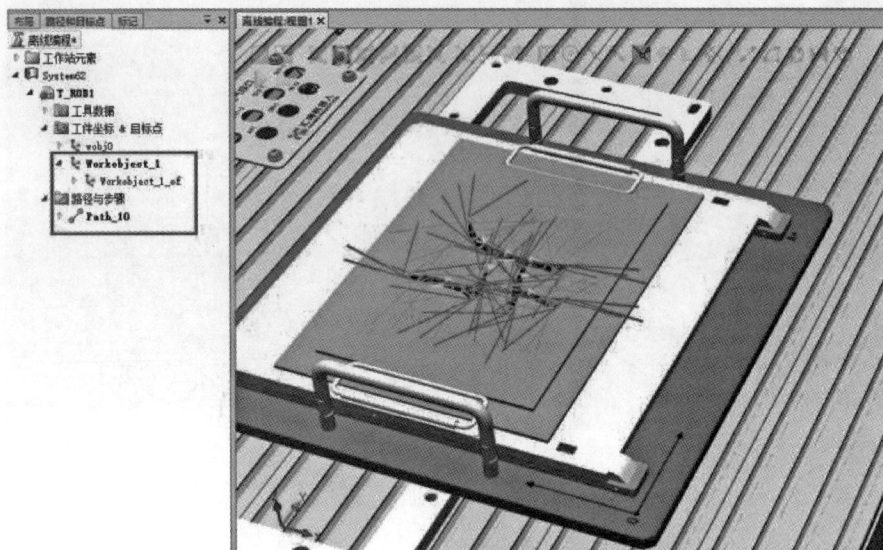

图 12.7 自动生成的路径和目标点

12.1.3 写字路径优化与仿真

① 在目标点位置处选中右击"查看目标处工具"，显示出工具在对应目标点的姿态，如图 12.8 所示。可以看出自动生成的目标点中，工具姿态不统一，可能会导致机器人难以到达部分目标点，因此需要调整目标点的姿态使所有目标点的姿态保持一致。

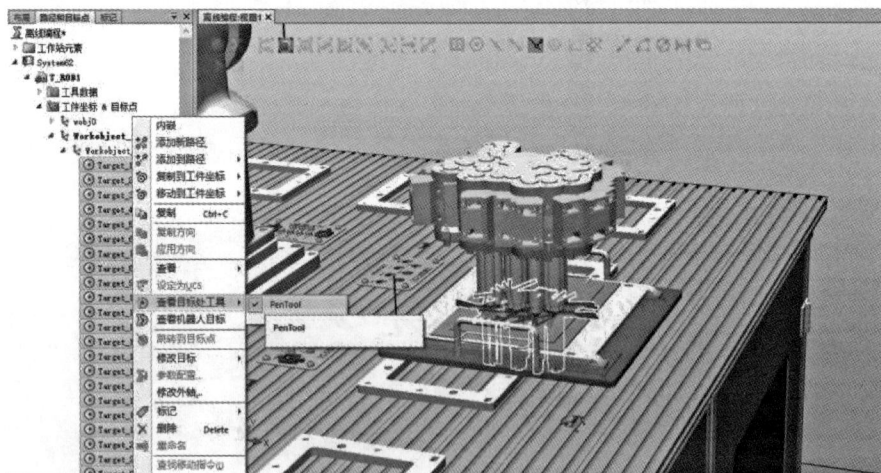

图 12.8 查看目标处工具姿态

② 选中第一个目标点 Target_10，右击—修改目标—旋转，使该点处工具绕工具坐标系 Z 轴旋转一定角度达到合理姿态，如图 12.9 所示。

③ 选中其余所有目标点，右击—修改目标—对准目标点方向，可直接批量处理，将剩余所有目标点的 X 轴方向对准已调整好姿态的目标点 Target_10 的 X 轴方向，如

图 12.10 所示。

图 12.9 调整目标点 Target_10 处工具姿态

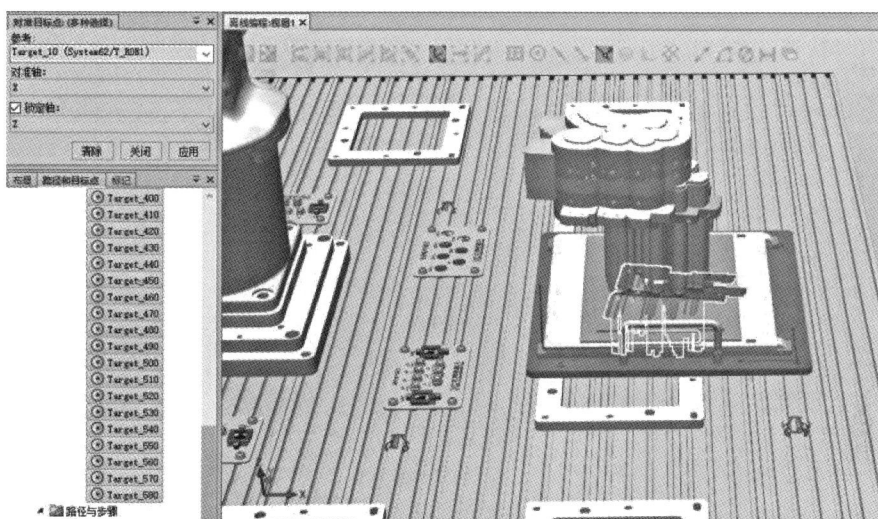

图 12.10 批量调整其余目标点工具姿态

④ 自动生成路径,其机器人轴参数未知,须配置参数,从而确保机器人可达性。选中 Path_10,右击—自动配置—所有移动指令,选择合理配置方案对轴参数进行自动配置(带有!标识配置方案包含不可达路径),如图 12.11 所示。

⑤ 为保证机器人运行路径完整、安全、合理,需要手动添加原点和过渡点。原点位置为(0°,−20°,20°,0°,90°,0°),可以选择绝对定位指令 MoveAbsJ 实现,添加在 Path_10 的第一行和最后一行;将机器人定位在绘图路径起点位置,手动移动机器人沿 Z 轴向上移动一段距离,点击示教目标点得到过渡点,选中过渡点将其添加到路径 Path_10,得到完整运行路径,如图 12.12 所示。进行参数更改后进行一次轴配置自动调整,选中 Path_10,右击—沿着路径运动,机器人就可以沿最终路径完整运行,至此,自动生成离线路径编程部分完成。

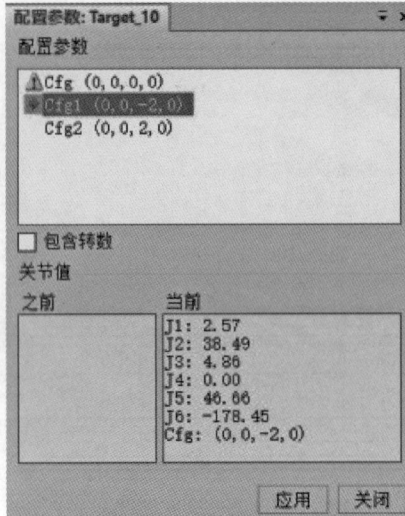

图 12.11 轴参数配置

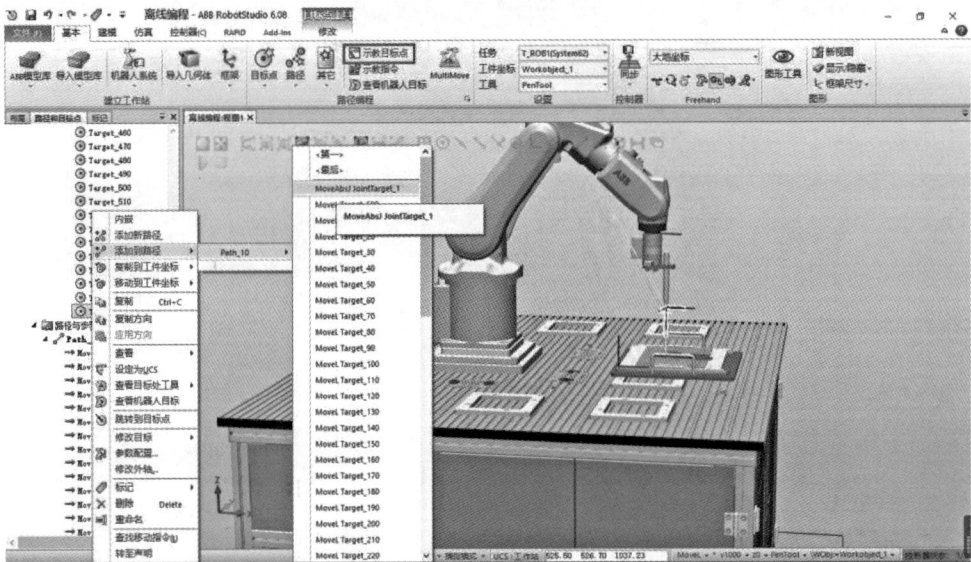

图 12.12 完整运行路径

12.2 工业机器人绘图验证与调试

工业机器人绘图离线编程完成后，需要进一步在机器人平台上进行实际绘图验证。

① 手动将绘图笔工具安装到机器人快换主盘上，将绘图用的 A4 白纸安装到绘图模块上。

② 如图 12.13 所示。网线一端接到电脑，另一端接到机器人控制柜的 X2 端口，电脑的 IP 地址在 192.168.125.XXX 网段，导入离线程序前必须获得机器人的写权限，如图 12.13 所示。

③ 选中 Path_10，右击—同步到 RAPID，将离线程序（模块）导入实际机器人

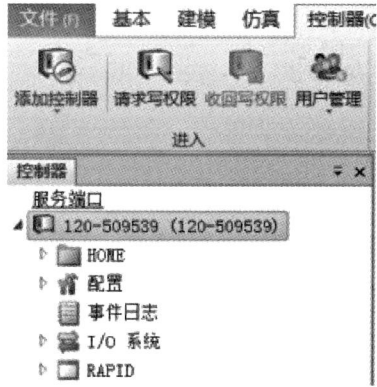

图 12.13　获得机器人写权限

系统。

　　④ 使用四点法标定绘图离线程序中的工具坐标系。基于上述标定的工具坐标系，使用三点法标定绘图离线程序中的工件坐标系。

　　⑤ 主程序中调用 Path_10，调试并运行程序。

参 考 文 献

[1] 姚屏，等．工业机器人技术基础 [M]．北京：机械工业出版社，2020.

[2] 韩鸿鸾，张云强．工业机器人离线编程与仿真 [M]．北京：化学工业出版社，2018.

[3] 刘天宋，张俊．工业机器人虚拟仿真实用教程 [M]．北京：化学工业出版社，2021.